普通高等教育机器人工程系列教材

智能机器人 ROS控制项目实战

兰虎　庄曙东　胡波　主编

化学工业出版社

·北京·

内容简介　　本书是ROS智能机器人控制理实一体化教学配套实践教材，面向新型工业化时期智能及高端装备制造领域，结合新工科复合型专业技术人才综合能力培养的教学诉求，并融入作者十余载对基于ROS（Robot Operating System，机器人操作系统）的移动机器人开发实践及教学经验编写而成。

全书共分为十个实验，从对移动机器人系统的基本认知开始，逐步深入到基于ROS的各类实践应用，整体遵循由浅入深、由基础到应用的逻辑顺序。具体而言，包括了机器人的基本组成、工作原理、ROS的基本操作和编程方法、读取传感器数据、控制机器人底盘运动等基础实践，同时还有机械臂物料搬运、移动机器人的视觉导引、视觉分拣、SLAM建图以及自主导航等高级应用实践，最后通过移动机器人码垛综合应用的实践展示了ROS在实际工业生产中的应用效果。

本书为内容丰富、结构清晰、实用性强的机器人技术教程，既适合作为高等院校机器人工程、自动化等相关专业的教材，也可作为机器人爱好者和从业者的自学参考书，还可供行业、企业及机器人联盟和培训机构的相关技术人员参考。

图书在版编目（CIP）数据

智能机器人ROS控制项目实战／兰虎，庄曙东，胡波主编. -- 北京：化学工业出版社，2025. 1. --（普通高等教育机器人工程系列教材）. -- ISBN 978-7-122 -46744-7

Ⅰ. TP242

中国国家版本馆CIP数据核字第2024ZV1086号

责任编辑：于成成　李军亮
责任校对：杜杏然
装帧设计：王晓宇

出版发行：化学工业出版社
　　　　　（北京市东城区青年湖南街13号　邮政编码100011）
印　　装：中煤（北京）印务有限公司
787mm×1092mm　1/16　印张6¼　字数136千字
2025年1月北京第1版第1次印刷

购书咨询：010-64518888
售后服务：010-64518899
网　　址：http://www.cip.com.cn
凡购买本书，如有缺损质量问题，本社销售中心负责调换。

定　　价：36.00元　　　　　　版权所有　违者必究

智能机器人 ROS 控制项目实战

编写人员

主　编　兰　虎　庄曙东　胡　波

副主编　毛福新　罗龙君　金翠红　周明举

参　编　郑小帆　王叶南　张纪伟　董吉平

主　审　温建明

前言

  党的二十大报告指出，"高质量发展是全面建设社会主义现代化国家的首要任务"，要"加快构建新发展格局，着力推动高质量发展"。这标志着新质生产力的崛起，它以其高科技、高效能、高质量的特征，不仅摆脱了传统经济增长方式和生产力发展路径的束缚，更成为符合新发展理念的先进生产力质态。在此背景下，卓越工程师等新工科复合型专业技术人才的培养显得尤为重要，这将成为推动新质生产力发展的关键力量。本书着重把握科技革命和产业变革加速演进中的移动机器人这一重要环节，通过深入的教材体系设计、知识模块重构、案例任务驱动和数字资源赋能等系统化建设，推动移动机器人领域的创新与发展，培养具备高素质、高技能的战略性新兴产业人才。

  移动机器人产业发展近年来呈现出迅猛的增长态势，其应用领域不断拓宽，市场规模持续扩大。据移动机器人（AGV/AMR）产业联盟，2023 年中国移动机器人销售规模约为212 亿元，同比增长 14.59%；销售数量约为 12.5 万台，同比增长 34.41%。

  然而，目前我国智能移动机器人领域正面临综合素质高、技术全面、技能熟练的专业技术人才匮乏的严峻挑战。移动机器人技术涉及多个学科领域，包括机械、电子、计算机、人工智能等，其产业发展的速度往往超过人才培养的速度，现有的教育体系和培训机构在培养移动机器人领域的高质量人才方面还存在一定的滞后性，无法完全满足市场的快速变化。

  在此背景下，教育的责任和使命注定了教育体系需要与时俱进，紧密对接产业前沿，培养具备跨学科知识、创新能力和实践经验的移动机器人领域人才。而现有同类教材往往缺乏足够的实践性和案例教学，在内容组织和结构安排上过于注重基础知识和细节，而忽略了对学生思维能力、创新能力和思政能力的培养。基于此，我们组织编写了本教材。

  本书特点如下：

  ① 理论实践紧密结合，配套教材助力促进深度学习。本书与配套的理论教材《基于ROS 的智能机器人控制》相辅相成，形成了一套完整的学习体系。实践教材侧重于 ROS移动机器人开发中的实际应用，通过丰富的案例和项目，引导学生深入理解 ROS 的核心概念和操作技巧。而配套的理论教材则提供深入的理论知识和背景，为实践应用提供坚实的理论基础。学生可以在学习实践教材时，随时查阅配套的理论教材以获取更深入的理论支持；同样地，在学习理论教材时，也可以通过实践教材中的案例和项目来加深理解和记忆。

  ② 活页设计促进灵活实践，交流展示助力团队合作。本书采用独特的活页式设计，每个实验后的实验表格可以灵活拆下，学生可以在实验过程中随时记录数据、观察现象，并将实验表格作为学习成果进行展示和交流。既便于学生独立操作，又有助于知识的深度吸收与实践。

③ 内容讲解通俗化。本书以通俗易懂的语言，详细阐述了各实验步骤，不仅帮助学生了解操作方法（知其然），更深入解释背后的原理（知其所以然），从而使得学生更好地掌握实际操作技能。

本书由浙江师范大学兰虎、河海大学庄曙东和成都理工大学胡波主编，浙江师范大学温建明担任主审。实验 1 由胡波编写，实验 2 由庄曙东编写，实验 3 由兰虎编写，实验 4 由天津职业技术师范大学毛福新编写，实验 5 由华中科技大学罗龙君编写，实验 6 由重庆大学金翠红编写，实验 7 由重庆科技大学周明举编写，实验 8 由黄山学院郑小帆编写，实验 9 由西北民族大学王叶南编写，实验 10 由北京启创远景科技有限公司张纪伟和宁波创非凡工程技术研究有限公司董吉平共同编写。全书由兰虎统稿。

从目标决策、体系构建、内容重构、教学设计、案例遴选、形式呈现、合同签订、定稿出版，本书的开发工作历时两年之久，衷心感谢参与本书编写的所有同仁的呕心付出！特别感谢中国高等教育学会高等教育科学研究规划课题 (23SZH0202)、天津市普通高等学校本科教学质量与教学改革研究计划重点项目 (A231005501)、湖北省高等教育学会教育科研课题 (2024ZX041)、华中科技大学教学研究项目 (2023152)、北京启创远景科技有限公司等给予的经费支持！感谢宁波创非凡工程技术研究有限公司、金华慧研科技有限公司等给予的教材资源支持！

由于编者水平有限，书中难免有不足之处，恳请读者批评指正，可将意见和建议反馈至 E-mail：lanhu@zjnu.edu.cn。

编者

目录

实验 1　移动机器人系统认知　001
　　一、实验目的　002
　　二、实验原理　002
　　三、实验内容及流程　003
　　四、实验仪器及材料　003
　　五、实验步骤　003
　　六、实验小结　006

实验 2　基于 ROS 系统的小乌龟仿真　009
　　一、实验目的　010
　　二、实验原理　010
　　三、实验内容及流程　011
　　四、实验仪器及材料　011
　　五、实验步骤　012
　　六、实验小结　014

实验 3　基于 ROS 系统传感器数据读取　017
　　一、实验目的　018
　　二、实验原理　018
　　三、实验内容及流程　019
　　四、实验仪器及材料　020
　　五、实验步骤　020
　　六、实验小结　022

实验 4　移动机器人底盘运动　025
　　一、实验目的　026
　　二、实验原理　026
　　三、实验内容及流程　027
　　四、实验仪器及材料　028
　　五、实验步骤　028

六、实验小结 030

实验 5　机械臂物料搬运 033
一、实验目的 034
二、实验原理 034
三、实验内容及流程 035
四、实验仪器及材料 035
五、实验步骤 036
六、实验小结 039

实验 6　移动机器人视觉导引 043
一、实验目的 044
二、实验原理 044
三、实验内容及流程 045
四、实验仪器及材料 045
五、实验步骤 046
六、实验小结 050

实验 7　移动机器人视觉分拣 053
一、实验目的 054
二、实验原理 054
三、实验内容及流程 055
四、实验仪器及材料 055
五、实验步骤 056
六、实验小结 060

实验 8　移动机器人 SLAM 建图 063
一、实验目的 064
二、实验原理 064
三、实验内容及流程 065

四、实验仪器及材料 066

五、实验步骤 066

六、实验小结 069

实验 9　移动机器人 SLAM 自主导航 073

一、实验目的 074

二、实验原理 074

三、实验内容及流程 075

四、实验仪器及材料 076

五、实验步骤 076

六、实验小结 080

实验 10　移动机器人码垛应用 083

一、实验目的 084

二、实验原理 084

三、实验内容及流程 085

四、实验仪器及材料 085

五、实验步骤 086

六、实验小结 089

实验 1

移动机器人系统认知

移动机器人作为现代科技的杰出代表，其重要性不言而喻，它们在各种复杂环境中，完成着各种高精度、高难度的任务。移动机器人的系统结构如同一个精密的钟表，由执行机构、驱动系统、传感系统以及控制系统等多个部件协同工作，共同支撑起机器人的各项功能。如图1-1（a）所示，在医疗领域，移动机器人可以协助医生进行手术操作、药物配送等任务，提高医疗服务的效率和质量；如图1-1（b）所示，在农业领域，移动机器人可以自主完成播种、施肥、收割等作业，实现农业生产的自动化和智能化。

(a) 智能移乘护理机器人

(b) 农业机器人

图1-1　移动机器人的应用

本实验旨在引导学生深入理解和掌握移动机器人结构的运行原理和相互关系，从实践中认识并理解其整体结构和各个组成部分。无论是执行机构的巧妙设计，驱动系统的强大动力，还是传感系统的敏锐感知，以及控制系统的精准指挥，都能在实验过程中一一体验和学习。这些实验将帮助学生了解每个结构属于哪个组成部分，并深入理解这些结构如何相互协作，共同实现机器人的各项功能。

一、实验目的

（1）素养提升

① 培养学生的创新思维和科学探究精神，通过亲身接触和操作移动机器人，激发学生对科技的兴趣和热爱。

② 增强学生的实践能力和问题解决能力，通过实验过程中观察机械结构的设计与配合，以及控制系统的连接，学会将理论知识应用于实际问题中。

（2）知识运用

① 能够认识移动机器人的整体特点与外观。

② 能够认识并理解移动机器人的执行机构、驱动系统、传感系统以及控制系统的基本工作原理和组成结构。

③ 能够认识并理解移动机器人的各部分结构名称与功能。

（3）能力训练

① 能够将移动机器人的结构与对应实现的功能相互联系。

② 能够在实验内容及步骤的指导下，独立完成操作，并能够进行实验调整与改进。

二、实验原理

移动机器人的关键组成部分如图 1-2 所示。执行机构是机器人运动的基础，通过机械

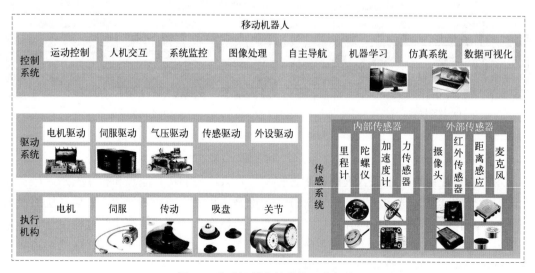

图1-2　移动机器人的关键组成部分

结构的设计和调整，可实现机器人的各种动作。驱动系统则为执行机构提供动力，电机、减速器等关键部件的协同工作，确保机器人稳定、高效地运动。传感系统是机器人的"眼睛"和"耳朵"，通过感知外部环境信息，如距离、方向等，为机器人的自主导航和避障提供关键数据。控制系统则是机器人的"大脑"，通过编程和算法，实现对机器人的精准控制，确保其按照预设的指令或路径运动。

三、实验内容及流程

本实验要求学生首先观察机器人的整体外观与结构特点，再分别了解执行机构、驱动系统、传感系统和控制系统各自的组成部分及其对应功能，实验流程如图 1-3 所示。

图1-3　移动机器人系统认知流程

四、实验仪器及材料

根据上述实验内容，本实验所用的主要实验设备与物料清单见表 1-1。

表 1-1　实验仪器及材料

设备 / 物料	设备 / 物料示例	设备数量
ROS 运行平台	ROS 教育机器人 QC-8KTROS	1 台

五、实验步骤

（1）执行机构认知

首先对 ROS 教育机器人整体结构有一个初步的认识，根据图 1-4 找出对应的结构，观察它们的特点与所在位置。

观察 ROS 教育机器人上的执行机构，包括机械臂、夹爪、底盘的四个电机以及连接的麦克纳姆轮等，如图 1-5 所示。机械臂是重要执行机构，其设计旨在模拟人类手臂的运动，具有多个关节，通过关节的旋转和伸缩，可以灵活地抓取、搬运和放置零部件。夹爪是机械臂的末端执行器，用于抓取和释放物体。底盘的四个电机为机器人的移动提供动力。电机通过接收控制系统的指令，实现机器人的前进、后退、转弯等动作，电机的性能直接影响机器人的运动性能，包括速度、加速度和稳定性等。麦克纳姆轮是一种特殊的轮子，其原理基于一个中心轮与许多位于机轮周边的轮轴的相互作用，这些成角度的周边轮轴能够将一部分的机轮转向力转化为机轮法向力，从而实现全方位移动，使得机器人在执行复杂任务时更加灵活和高效。

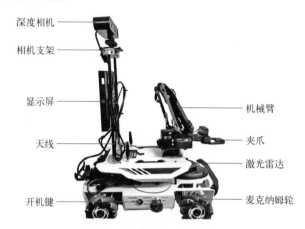

图1-4　移动机器人结构名称

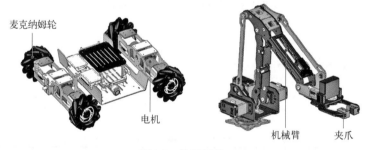

图1-5　执行机构

（2）驱动系统认知

ROS 教育机器人的驱动系统主要由图 1-6 所示的电机驱动板所组成，当机器人想要移动时，驱动板接收来自控制板的信号，并通过调节电机的电流和电压来控制电机的转速和转向。

（3）传感系统认知

ROS 教育机器人的传感系统包括深度相机、激光雷达和陀螺仪等。首先，观察深度相机的外观和结构，了解其基本组成，如图 1-7 所示。深度相机是一种能够获取场景中物体距离摄像头物理距离的相机。其通过发射红外光或其他特定波长的光线，并接收其反射回来的光线，根据光线传播的时间或相位差来计算物体的深度信息。

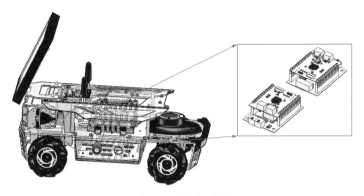

图1-6 电机驱动板

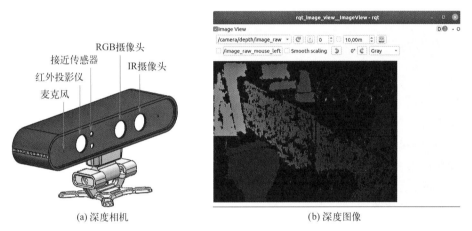

(a)深度相机 　　　(b)深度图像

图1-7 相机结构与获取的图像示意

观察激光雷达的外观，如图 1-8（a）所示。激光雷达是一种通过发射激光束并测量其反射回来的时间或相位差来确定与物体距离的传感器。通过快速扫描周围环境，生成点云数据或三维地图［图 1-8（b）］，为机器人提供详细的环境信息。

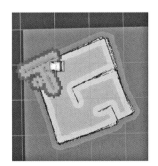

(a)激光雷达 　　　(b)环境地图

图1-8 激光雷达与构建的环境地图

观察陀螺仪［图 1-9（a）］的外观和结构，找出其在机器人中的安装位置。陀螺仪是一种用于测量物体角速度的传感器。它基于角动量守恒原理，通过感知物体在三个轴向上的旋转角速度，来确定物体的姿态和运动状态。

(a) 陀螺仪

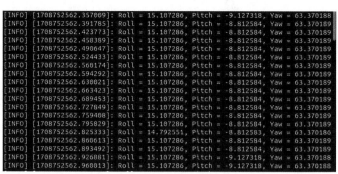
(b) 角速度数据

图1-9　陀螺仪与输出的角速度数据

（4）控制系统认知

移动机器人的传感系统与驱动系统最终都由机器人的"大脑"——控制板卡所控制，它们之间通过适当的接口进行连接，以实现信息的传递和协作。在 ROS 教育机器人上，控制系统主要由 NVIDIA Jetson Nano 小型计算机组成，如图 1-10（a）所示。它通过连接机器人上的传感器、执行器和其他硬件组件，可以接收传感器数据，运行复杂的算法进行环境感知和决策，并发出控制指令驱动机器人运动。为了充分发挥 Nano 的功能，机器人上引出了一些扩展接口，可以外接供电以及方便地与外部硬件通信，如机械臂接口连接在图 1-10（b）所示位置。

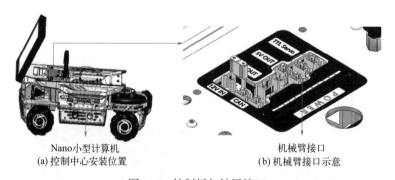
Nano小型计算机
(a) 控制中心安装位置

机械臂接口
(b) 机械臂接口示意

图1-10　控制板与扩展接口

六、实验小结

本实验旨在深入理解移动机器人的组成系统。通过实际操作，学生探索了执行机构、驱动系统、传感系统和控制系统的功能与工作原理。实验过程中，观察了执行机构、驱动系统、传感系统以及控制系统的外观与特点，包括机械臂、夹爪、底盘的四个电机以及连接的麦克纳姆轮、深度相机、激光雷达和陀螺仪等部件，增强对移动机器人各部分功能的认知。

实验报告一

院系：		课程名称：		日期：	
姓名		学号		班级	
实验名称			成绩		

一、实验概览

1. 实验目的（请用一句话概括）

2. 关键词（列出本实验的几个关键词，如"系统"等）

二、实验设备与环境

硬件配置（计算机配置）：

软件环境（ROS 版本、操作系统及其他必要软件）：

环境设置（实验环境）：

三、实验步骤

（根据教材中的实验步骤，记录自己实际操作的过程）

四、实验现象与分析

1. 现象描述：

□ 指认移动机器人各部分结构名称

□ 指认移动机器人各传感器位置以及概括其功能

□ 指认移动机器人扩展接口以及思考其功能

□ 其他（请说明）：＿＿＿＿＿＿＿＿＿＿＿＿＿＿＿＿

2. 代码修改（列出实验过程中关键修改部分）

3. 问题清单（列出实验过程中遇到的问题，已解决的写出解决办法）

4. 创新点（描述实验中尝试的创新做法或不同于常规的方法）

五、原理探究

在实验过程中，你认为执行机构、驱动系统、传感系统和控制系统之间的关系是怎样的？它们是如何协同工作以实现机器人的各项功能的？请举例说明。

六、思考与讨论

基于本章实验的指导，你认为在设计和改进移动机器人系统时，应该重点考虑哪些因素？例如，执行机构的精度、驱动系统的效率、传感系统的可靠性以及控制系统的稳定性等。请提出你的观点和建议。

基于 ROS 系统的小乌龟仿真

使用 ROS 进行机器人开发之前,对核心概念的理解至关重要。这些概念包括节点、话题、消息、服务等。节点是 ROS 中的可执行文件,它们通过话题进行通信、发布或订阅消息。消息是节点间传递的数据,而服务则用于同步通信。ROS 作为机器人技术的核心框架,在工业机器人领域的应用正日益广泛,其强大的通信机制、灵活的软件架构以及广泛的社区支持,使得不同厂家、不同型号的工业机器人能够无缝集成到一个统一的系统中。通过 ROS,这些机器人可以共享信息、协同工作,从而形成一个高效、灵活的柔性生产线。如将五款机器人组成一个柔性生产线,通过 ROS 进行统一管理和调度,并可以根据客户需求快速调整生产流程和产品种类,如图 2-1 所示。

图2-1 ROS柔性生产线

本章通过讲解一个经典例程——小乌龟,引导学生直观地认识 ROS 的核心概念及其在实际操作中的体现,从而更好地理解并应用其进行机器人开发。实验的一个重要环节是通过观察和分析小乌龟运动的实现过程,了解哪些节点在发布和订阅消息,以及它们之间是如何通过话题进行通信的。同时,学生可通过小乌龟的实践操作熟悉 ROS 的基本操作,包括如何开启终端、运行命令、启动节点以及进行节点的控制。这为后续的开发移动机器人更多节点功能提高必要的操作基础，为未来的实验和应用做好准备。

一、实验目的

（1）素养提升

① 通过实际操作 ROS，学会如何将理论知识（如节点、话题、消息等）整合到实际操作中，培养学生系统化的思维方式。

② 通过对小乌龟实验的实践操作，探究机器人技术的基础应用，对 ROS 操作系统的实际案例形成初步认识。领悟机器人在中国制造业中的重要地位，以及它们在现代工业中的不可或缺的作用。

（2）知识运用

① 能够理解节点间的通信机制、话题订阅与发布等概念。
② 能够熟悉命令运行的基本方式。
③ 能够分析小乌龟的运动数据，收集、处理和分析实验数据，理解节点关系。

（3）能力训练

① 能够完成 ROS 开发环境的搭建。
② 能够在实验内容及步骤的指导下，独立完成操作，并能够进行实验调整与改进。
③ 能够熟练使用 ROS 进行开启终端、运行命令、启动节点等操作，实现节点功能。

二、实验原理

小乌龟仿真的原理主要基于 ROS 的话题通信机制和节点间的协作。在 ROS 中，节点是可执行的程序，它们通过发布和订阅话题来交换信息。小乌龟的移动控制通常涉及以下几个关键步骤，首先是启动 turtlesim 节点，这个节点会模拟一个小乌龟在虚拟环境中移动，并发布其当前的位置和姿态信息到特定的话题上。同时，启动一个键盘控制节点（如 teleop_turtle），这个节点会监听用户的键盘输入，并将用户的移动指令发布到另一个话题上。然后，利用 ROS 的话题通信机制，使 turtlesim 节点订阅键盘控制节点（teleop_turtle）发布的话题，从而获取到用户的移动指令。一旦 turtlesim 节点接收到指令，它会根据指令的内容更新小乌龟的位置和姿态，并将更新后的信息再次发布到自己的话题上，如图 2-2 所示。

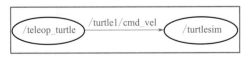

图2-2　ROS程序运行框架

这样的运行架构实现了 ROS 中节点间的解耦和通信，使得我们可以独立地开发、调试和部署各个节点，同时也方便了我们通过添加或修改节点来扩展机器人的功能。此外，ROS 的话题通信机制还保证了节点间信息的实时性和准确性，从而能够实现对小乌龟的精确控制。

三、实验内容及流程

在本实验中，将使用终端来运行命令、启动节点、开启小乌龟的仿真界面，然后控制小乌龟进行移动。首先，搭建 ROS 环境并配置工作空间，确保所需的软件包（如 turtlesim 和 teleop_turtle）已正确安装。然后，通过运行 turtlesim 节点启动小乌龟模拟，并在另一个终端中运行 teleop_turtle 节点以启用键盘控制。接下来，通过键盘输入不同的指令，包括上下左右，观察并控制小乌龟在模拟界面中的移动。最后，记录实验结果，分析并总结使用 ROS 控制小乌龟移动的过程和原理。实验流程如图 2-3 所示。

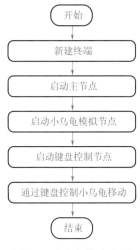

图2-3 小乌龟仿真流程

四、实验仪器及材料

根据上述实验内容，本实验所用的主要实验设备与物料清单见表 2-1。

表 2-1 实验仪器及材料

设备 / 物料	设备 / 物料示例	设备数量
ROS 运行平台	ROS 教育机器人 QC-8KTROS	1 台
输入设备	无线键鼠	1 套

五、实验步骤

（1）新建终端

连接电池，按下开机键（图 1-4）启动机器人，听到"滴"的提示音机器人开始启动，显示屏上将呈现开机画面。进入桌面后，点击 xrobot 文件夹；接着点击 xrobot2_ws 文件夹。鼠标在文件夹内右击，弹出的选项中点击 Open in Terminal 以新建终端，如图 2-4 所示。

注意：机器人电量不足时会发出连续的"嘀嘀嘀"警示音，这时需要关闭机器人，断开电池连接，用充电器给电池充电，正在充电时充电器亮红灯，40 ～ 50 分钟充满后变为绿灯。

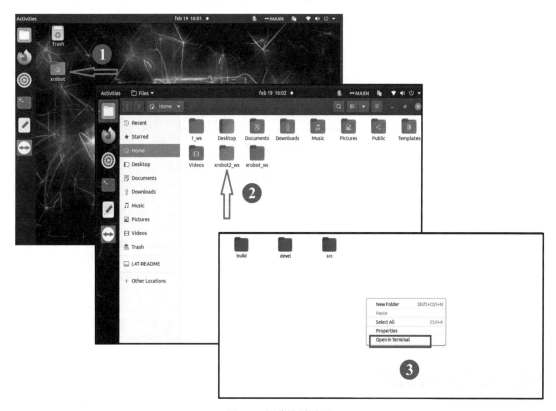

图2-4　新建终端步骤

（2）启动主节点

在终端中输入以下指令，启动主节点。

```
roscore
```

（3）启动小乌龟仿真节点

再按步骤（1）启动一个新终端，在终端中输入以下指令（图2-5）启动小乌龟仿真器，仿真器界面中显示着一个小乌龟，如图 2-6 所示。

```
rosrun turtlesim turtlesim_node
```

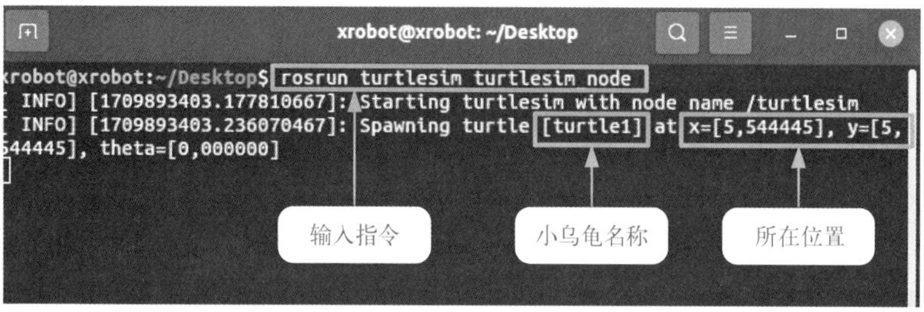

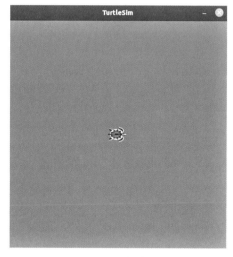

图2-5　终端输入指令界面

图2-6　小乌龟仿真器界面

（4）启动键盘控制节点

再新建一个新终端，在终端中输入以下命令行，启动键盘控制小乌龟的节点，节点界面如图 2-7 所示。启动成功后，注意鼠标应该放置在键盘控制小乌龟的节点界面上，这时可以通过键盘的上下左右键"↑、↓、←、→"控制小乌龟移动，移动轨迹也将显示在节点界面上。

```
rosrun turtlesim turtle_teleop_key
```

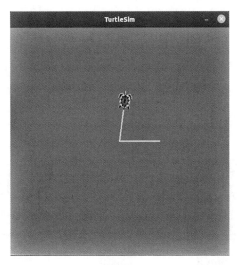

图2-7　键盘控制小乌龟移动

六、实验小结

　　本实验通过在终端输入命令行的方式，成功开启并运行了小乌龟仿真节点和键盘控制乌龟节点。实验方法简单、直观且具有一定的可行性，便于后续更深入的观察和分析，且为更多的应用场景和进一步的移动机器人开发提供基础。

实验报告二

院系:		课程名称:		日期:	
姓名		学号		班级	
实验名称			成绩		

一、实验概览

　　1. 实验目的（请用一句话概括）

　　2. 关键词（列出本实验的几个关键词，如"ROS""节点"等）

二、实验设备与环境

　　硬件配置（计算机配置）：

　　软件环境（ROS 版本、操作系统及其他必要软件）：

　　环境设置（实验环境）：

三、实验步骤

　　（根据教材中的实验步骤，记录自己实际操作的过程）

四、实验现象与分析

　　1. 现象描述：

　　□ 小乌龟仿真界面出现

　　□ 键盘控制小乌龟移动

　　□ 节点正常通信

　　□ 其他（请说明）：＿＿＿＿＿＿＿＿＿＿＿＿＿＿＿＿

2. 代码修改（列出实验过程中关键修改部分）

3. 问题清单（列出实验过程中遇到的问题，已解决的写出解决办法）

4. 创新点（描述实验中尝试的创新做法或不同于常规的方法）

五、原理探究

1. 发布者 / 订阅者模型：请画出或描述小乌龟实验中的发布者和订阅者关系。

2. 描述小乌龟如何接收指令并执行动作。

六、思考与讨论

你认为 ROS 在机器人开发中的优势是什么？与其他机器人开发框架相比，ROS 有何独特之处？

实验 3

基于 ROS 系统传感器数据读取

随着人工智能与机器人技术的飞速发展，传感器在机器人系统中扮演着日益重要的角色。传感器不仅能够为机器人提供丰富的环境信息，还是实现精准导航、感知与决策的关键。其中，激光雷达以其高精度、远距离测量能力，为机器人提供了环境的三维结构信息，广泛应用于环境建模 [图 3-1（a）]、地图构建、定位与导航等领域；相机则通过捕捉图像，为机器人提供了丰富的视觉信息，使机器人能够识别物体、理解场景；陀螺仪则负责测量机器人的角速度和加速度，为机器人的姿态控制和运动规划提供了必要的数据支持，以图 3-1（b）所示的航天器为例，它所用的控制力矩陀螺是一种特殊的陀螺仪，通过高速旋转的飞轮获得角动量，并通过改变角动量的方向来对外输出力矩，从而实现航天器的姿态稳定和调整。

在 ROS 这一开源机器人软件框架下，传感器数据的读取与处理变得更为便捷和高效。ROS 为传感器数据的采集、传输、处理和应用提供了统一的接口和标准，使得不同传感器之间的数据融合和机器人的高级功能实现成为可能。

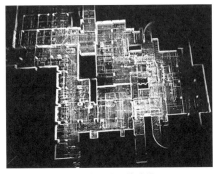

(a) 激光雷达环境建模　　　　　　(b) 控制力矩陀螺控制航天器姿态

图3-1　传感器的应用

本实验旨在帮助学生掌握在 ROS 系统下如何读取激光雷达、相机和陀螺仪等传感器的数据，理解其基本原理，掌握数据处理方法，并通过实验加深对传感器在机器人应用中的认识。通过本实验的学习与实践，学生将能够构建基于 ROS 的传感器数据处理系统，为后续的机器人导航、感知和自主决策等高级功能开发打下坚实的基础。

一、实验目的

（1）素养提升

① 通过搭建和调试基于 ROS 的传感器数据读取系统，培养学生的实践能力和探索精神，加深对机器人技术的理解和热爱。

② 面对传感器数据读取中可能出现的各种问题，学生需要独立思考解决方案，提升问题解决能力。

（2）知识运用

① 能够熟练掌握 ROS 系统的基本架构、节点通信、消息传递等核心知识，为后续的高级应用打下基础。

② 能够理解激光雷达、深度相机和陀螺仪等传感器的工作原理和数据输出格式，为数据处理和应用提供理论支持。

③ 能够尝试将不同传感器的数据进行融合，以获取更全面的环境信息，从而加深对传感器融合技术的理解和应用。

（3）能力训练

① 通过编写 ROS 节点和数据处理程序，训练学生的编程能力，特别是针对机器人领域的编程技巧。

② 通过对传感器数据的读取和分析，培养学生的数据处理和分析能力，使其能够从海量数据中提取有用的信息。

③ 学生需要将不同的传感器数据集成到 ROS 系统中，实现数据的统一管理和处理，从而训练系统集成能力。

二、实验原理

本实验利用机器人操作系统（ROS）作为一个灵活的框架，来读取和处理各种传感器的数据，重点关注激光雷达、相机和陀螺仪这三种传感器。其中，激光雷达传感器通过向周围环境发射激光束并测量反射光的时间差或相位差来确定目标物体的距离、方位和速度等信息，从而构建出周围环境的点云图。相机作为视觉传感器，能够捕捉丰富的图像信息。陀螺仪可以测量角速度和角位移，常用于机器人的姿态估计和导航。

在 ROS 中，激光雷达的距离、角度等数据信息，相机捕获的图像数据，陀螺仪数据都是以消息的形式发布的，可以编写 ROS 节点来订阅这些消息，在它们之间建立通信（图 3-2），实时获取机器人的对应信息，进而实现地图构建、图像处理、姿态控制、路径规划等任务。

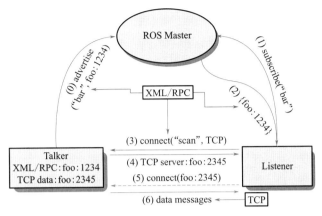

图3-2　话题通信的建立过程

　　本实验将进入一个 ROS 工作环境，并启动相应的 ROS 节点来订阅和处理激光雷达、相机和陀螺仪的数据，以此深入了解 ROS 的工作原理以及如何利用 ROS 来整合和处理多种传感器的数据。整个过程中，ROS 的节点通信机制保证了传感器数据的实时传输和高效处理。通过合理的节点设计和消息处理策略，可以实现传感器数据的准确读取和有效利用，为机器人的感知和决策提供丰富的数据支持。

三、实验内容及流程

　　本实验将在 ROS 环境下，启动激光雷达传感器节点，通过订阅者节点读取并解析传感器数据，实现环境感知。实验开始前，确保 ROS 环境已正确搭建，传感器已正确连接并配置。实验开始时，首先启动 ROS 核心节点，确保系统正常运行。随后，启动传感器节点，该节点负责从激光雷达硬件中读取原始数据。接下来，编写并运行订阅者节点，订阅传感器发布的话题。订阅者节点接收到传感器数据后，进行解析和转换，将原始数据转化为易于理解和处理的格式。实验过程中，可以实时查看传感器处理后的数据，直观感受传感器数据的采集和处理过程。实验结束后，对收集到的数据进行分析和总结，评估数据质量和处理效果，为后续的机器人应用提供数据支持。实验流程如图 3-3 所示。

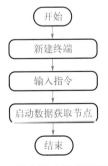

图3-3　激光雷达数据读取流程

四、实验仪器及材料

根据上述实验内容，本实验所用的主要实验设备与物料清单见表 3-1。

表 3-1　实验仪器及材料

设备 / 物料	设备 / 物料示例	设备数量
ROS 运行平台	ROS 教育机器人 QC-8KTROS	1 台
传感器	激光雷达	1 个
	陀螺仪	1 个
	深度相机	1 个
输入设备	无线键鼠	1 套

五、实验步骤

（1）新建终端

参照实验 2 实验步骤（1）。

（2）启动激光雷达数据获取节点

在终端中输入以下命令，按下回车键启动。rosrun 意为启动单个程序，获取的数据内容如图 3-4 所示。

```
rosrun data laser_scan
```

```
rosrun [package_name] [node_name]
Rosrun: 运行单个程序
data: ROS 包名称，包含运行节点
laser_scan: 运行节点名称
```

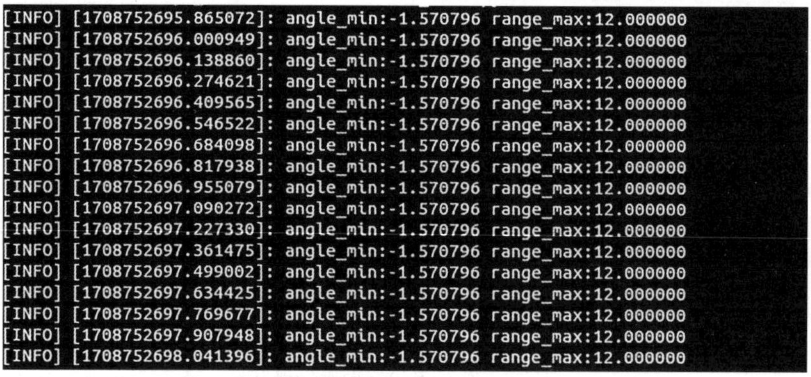

```
[INFO] [1708752695.865072]: angle_min:-1.570796 range_max:12.000000
[INFO] [1708752696.000949]: angle_min:-1.570796 range_max:12.000000
[INFO] [1708752696.138860]: angle_min:-1.570796 range_max:12.000000
[INFO] [1708752696.274621]: angle_min:-1.570796 range_max:12.000000
[INFO] [1708752696.409565]: angle_min:-1.570796 range_max:12.000000
[INFO] [1708752696.546522]: angle_min:-1.570796 range_max:12.000000
[INFO] [1708752696.684098]: angle_min:-1.570796 range_max:12.000000
[INFO] [1708752696.817938]: angle_min:-1.570796 range_max:12.000000
[INFO] [1708752696.955079]: angle_min:-1.570796 range_max:12.000000
[INFO] [1708752697.090272]: angle_min:-1.570796 range_max:12.000000
[INFO] [1708752697.227330]: angle_min:-1.570796 range_max:12.000000
[INFO] [1708752697.361475]: angle_min:-1.570796 range_max:12.000000
[INFO] [1708752697.499002]: angle_min:-1.570796 range_max:12.000000
[INFO] [1708752697.634425]: angle_min:-1.570796 range_max:12.000000
[INFO] [1708752697.769677]: angle_min:-1.570796 range_max:12.000000
[INFO] [1708752697.907948]: angle_min:-1.570796 range_max:12.000000
[INFO] [1708752698.041396]: angle_min:-1.570796 range_max:12.000000
```

图3-4　激光雷达数据界面

（3）启动陀螺仪数据获取节点

在新建终端中输入以下命令，按下回车键启动。获取的数据内容如图 3-5 所示。

```
rosrun data imu_scan.py
```

```
[INFO] [1708752562.357009]: Roll = 15.107286, Pitch = -9.127318, Yaw = 63.370188
[INFO] [1708752562.391785]: Roll = 15.107286, Pitch = -8.812584, Yaw = 63.370189
[INFO] [1708752562.423773]: Roll = 15.107286, Pitch = -8.812584, Yaw = 63.370189
[INFO] [1708752562.458389]: Roll = 15.107286, Pitch = -8.812584, Yaw = 63.370189
[INFO] [1708752562.490647]: Roll = 15.107286, Pitch = -8.812584, Yaw = 63.370189
[INFO] [1708752562.524433]: Roll = 15.107286, Pitch = -8.812584, Yaw = 63.370189
[INFO] [1708752562.560174]: Roll = 15.107286, Pitch = -8.812584, Yaw = 63.370189
[INFO] [1708752562.594292]: Roll = 15.107286, Pitch = -8.812584, Yaw = 63.370189
[INFO] [1708752562.630021]: Roll = 15.107286, Pitch = -8.812584, Yaw = 63.370189
[INFO] [1708752562.663423]: Roll = 15.107286, Pitch = -8.812584, Yaw = 63.370189
[INFO] [1708752562.689453]: Roll = 15.107286, Pitch = -8.812584, Yaw = 63.370189
[INFO] [1708752562.727849]: Roll = 15.107286, Pitch = -8.812584, Yaw = 63.370189
[INFO] [1708752562.759408]: Roll = 15.107286, Pitch = -8.812584, Yaw = 63.370189
[INFO] [1708752562.795829]: Roll = 15.107286, Pitch = -8.812584, Yaw = 63.370189
[INFO] [1708752562.825333]: Roll = 14.792551, Pitch = -8.812583, Yaw = 63.370186
[INFO] [1708752562.860613]: Roll = 15.107286, Pitch = -8.812584, Yaw = 63.370189
[INFO] [1708752562.893492]: Roll = 15.107286, Pitch = -8.812584, Yaw = 63.370189
[INFO] [1708752562.926881]: Roll = 15.107286, Pitch = -9.127318, Yaw = 63.370188
[INFO] [1708752562.960013]: Roll = 15.107286, Pitch = -9.127318, Yaw = 63.370188
```

图3-5　陀螺仪数据界面

（4）启动深度相机数据获取节点

在新建终端中输入以下命令， roslaunch 为启动多个程序。获取的数据内容如图 3-6 所示。

```
roslaucnh xrobot_driver xrobot_astra_camera.launch
```

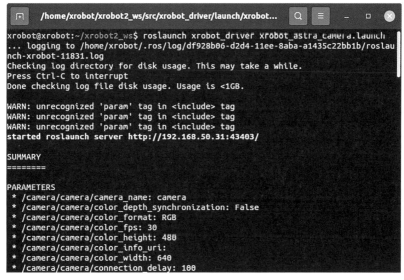

图3-6　深度相机数据界面

六、实验小结

   本实验通过 ROS 系统成功读取了激光雷达、相机和陀螺仪的传感器数据，实现了对环境的多元感知。实验过程中，学生可深入理解各传感器的工作原理及数据特性，并探索它们在机器人技术中的应用。实验不仅可提高学生的实践操作能力，也加深对传感器数据融合技术重要性的认识。

实验报告三

院系：		课程名称：		日期：	
姓名		学号		班级	
实验名称			成绩		

一、实验概览

　　1. 实验目的（请用一句话概括）

　　2. 关键词（列出本实验中的几个关键词）

二、实验设备与环境

　　硬件配置（计算机配置）：

　　软件环境（ROS 版本、操作系统及其他必要软件）：

　　环境设置（实验环境）：

三、实验步骤

　　（根据教材中的实验步骤，记录自己实际操作的过程）

四、实验现象与分析

　　1. 现象描述：

　　□ 激光雷达数据显示

　　□ 陀螺仪数据显示

　　□ 深度相机数据显示

　　□ 其他（请说明）：_____

2. 代码修改（列出实验过程中关键修改部分）

3. 问题清单（列出实验过程中遇到的问题，已解决的写出解决办法）

4. 创新点（描述实验中尝试的创新做法或不同于常规的方法）

五、原理探究

1. 解释激光雷达的工作原理，并说明它如何能够测量距离和创建环境的三维模型。

2. 举例说明在发布 / 订阅模式下，激光雷达传感器节点和数据处理节点之间的交互过程。

六、思考与讨论

在 ROS 系统中，如何设计传感器数据的融合策略以提高机器人对环境感知的准确性和鲁棒性？

移动机器人底盘运动

作为机器人技术的核心组成部分，移动机器人底盘运动特性不仅是实现其高效、稳定、灵活运动的关键，更直接影响到其在各种复杂环境中的实际应用效果。在底盘的运动方式中，差速运动、阿克曼运动和全向运动各具特色，每种方式都适用于特定的应用场景。差速运动以改变左右两侧车轮的速度实现转向，机制简单，是两轮驱动机器人的首选运动方式。如图 4-1（a）所示，差速驱动机器人在仓库货架间的狭窄通道中能够灵活地穿梭，高效地完成货物搬运任务。阿克曼运动通过控制前后轮之间的差速实现稳定转向，常见于汽车等四轮驱动车辆，采用阿克曼运动方式的机器人在室外道路环境中尤为适用，包括公路、崎岖的山路等，可完成巡逻、监测等任务。而全向运动赋予了机器人极高的灵活性和适应性，使其能够在任意方向上实现平移和旋转［图 4-1（b）］，这种特性使得全向移动机器人在狭窄场景中展现出独特的优势。如在仓储物流领域，全向移动机器人可以更加高效地进行货物的搬运和堆垛，提高仓库的作业效率；在家庭服务领域，全向移动机器人可以更加灵活地避开家具和其他障碍物，为用户提供更加便捷的服务。

(a) 差速驱动机器人　　　　　　　　　(b) 全向移动AGV小车

图4-1　不同底盘运动方式的应用

本实验将基于 ROS 系统，通过控制全向移动机器人移动，实现对其运动特性的深入分析和精确控制。通过 ROS 系统，我们可以方便地实现对机器人硬件的控制、传感器数据的处理以及高级导航和决策算法的构建。本章实验的学习和实践能够加深学生对全向运动理论的理解，掌握基于 ROS 系统的全向移动机器人实验方法，为未来的机器人技术研发和应用打下坚实的基础。

一、实验目的

（1）素养提升

① 通过调试全向移动机器人的运动，培养学生的实践操作能力和动手能力，加深对机器人技术的理解和热爱。

② 在实验过程中，面对可能出现的技术问题和挑战，鼓励学生独立解决，培养分析、判断和解决问题的能力，锻炼坚韧不拔的科研精神。

（2）知识运用

① 能够深入理解和掌握全向运动的基本原理和实现方法，将理论知识转化为实践技能。

② 学会利用 ROS 系统进行机器人底盘运动的控制，理解 ROS 在机器人开发中的核心作用，提升对 ROS 系统的应用能力。

③ 通过实验，加深对机器人运动学和控制理论的理解，为更高级别的机器人控制算法设计做准备。

（3）能力训练

① 在全向运动实验的基础上，鼓励学生进行技术创新和改良，培养创新思维和创新能力。

② 通过对传感器数据的读取和分析，培养学生的数据处理和分析能力，并能够从海量数据中提取有用的信息。

③ 鼓励学生将机器人技术与计算机科学、控制理论、机械设计等多学科知识相结合，培养跨学科知识整合和应用的能力。

二、实验原理

全向运动是底盘运动中的一种特殊形式，它允许机器人在任意方向上实现平移和旋转，从而极大地提高了机器人的机动性和灵活性。全向运动的实现主要依赖于特殊的轮子设计，即全向轮或麦克纳姆轮。这些轮子具有独特的结构和材料特性，可以在垂直于其轴线的方向上产生推力，从而实现机器人在各个方向上的移动［图 4-2（a）］。通过精确控制每个轮子的转速和转向，可以使机器人实现复杂的运动轨迹，如原地旋转、横向移动等［图 4-2（b）］。全向运动实验采用 ROS 作为机器人的控制软件平台，实现对全向轮的速度和转向的精确控制，从而实现对机器人底盘运动的精确控制。

 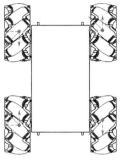

(a) 麦克纳姆轮组成与受力分析　　　　(b) 麦克纳姆轮全向移动原理

图4-2　麦克纳姆轮全向移动工作原理

　　实验过程中，我们首先需要检查机器人的硬件平台，包括全向轮、电机、传感器等。然后，我们需要编写 ROS 控制程序，实现对机器人的运动控制。在控制程序中，我们需要根据机器人的运动需求，计算出每个轮子的速度和转向，并将这些指令发送给电机驱动器，从而实现对机器人的精确控制。通过全向运动实验，我们可以深入了解全向运动的原理和实现方法，掌握 ROS 在机器人控制中的应用，为未来的机器人技术研发和应用打下坚实的基础。

三、实验内容及流程

　　本次实验旨在探究移动机器人的全向运动特性，特别是在 ROS 环境下的实现方式。实验的主要内容是通过在 ROS 中打开相应的节点，启动移动机器人，并利用键盘控制机器人的全向移动。实验开始时，首先需要在 ROS 环境中打开机器人的驱动节点和控制节点。驱动节点负责接收控制指令，并驱动机器人的全向轮进行运动。控制节点则负责处理来自键盘的输入，将键盘指令转换为机器人的运动指令，并发送给驱动节点。当节点启动后，实验者可以通过键盘向机器人发送运动指令。这些指令包括前进、后退、左转、右转、原地旋转等全向运动的基本动作。机器人接收到指令后，会立即执行相应的运动，实现全向移动。

　　在实验过程中，学生需要密切关注机器人的运动状态，并通过调整控制指令来优化机器人的运动效果。实验流程如图 4-3 所示。

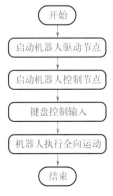

图4-3　移动机器人底盘运动流程

四、实验仪器及材料

根据上述实验内容，本实验所用的主要实验设备与物料清单见表 4-1。

表 4-1 实验仪器及材料

设备 / 物料	设备 / 物料示例	设备数量
ROS 运行平台	ROS 教育机器人 QC-8KTROS	1 台
输入设备	无线键鼠	1 套

五、实验步骤

（1）启动机器人驱动节点

进入文件夹与新建终端参照实验 3，在新终端输入以下命令启动机器人，界面如图 4-4 所示。

```
roslaunch xrobot_driver xrobot_bringup.launch
```

图4-4 机器人启动节点界面

（2）启动机器人控制节点

重新打开一个新的终端，注意步骤 1 的终端不要关闭，输入以下指令启动键盘控制机器人节点，界面如图 4-5 所示。

```
roslaunch xrobot_teleop keyboard.launch
```

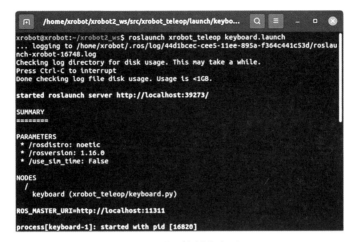

图4-5　机器人控制节点界面

（3）键盘控制输入

在键盘上按键，观察机器人的移动方式，按键说明参照表 4-2。

表 4-2　按键说明

序号	按键	含义
1	"↑"	前进
2	"↓"	后退
3	"←"	原地左转
4	"→"	原地右转
5	"I"	前进
6	"K"	停止
7	"U"	大写：左上方平移 小写：左上转
8	"O"	大写：右上方平移 小写：右上转
9	"J"	大写：左平移 小写：原地左转
10	"L"	大写：右平移 小写：原地右转
11	"M"	大写：左下方平移 小写：左下转
12	"."	右下转
13	">"	右下方平移
14	","	后退
15	"<"	后退

六、实验小结

本实验以全向运动为核心,通过 ROS 平台成功实现了对机器人的键盘控制,使其能够灵活执行全向移动。实验可加深对全向运动原理的理解,锻炼在 ROS 环境下进行机器人控制的技能。

实验报告四

院系：		课程名称：		日期：	
姓名		学号		班级	
实验名称			成绩		

一、实验概览

    1. 实验目的（请用一句话概括）

    2. 关键词（列出本实验的几个关键词）

二、实验设备与环境

    硬件配置（计算机配置）：

    软件环境（ROS 版本、操作系统及其他必要软件）：

    环境设置（实验环境）：

三、实验步骤

    （根据教材中的实验步骤，记录自己实际操作的过程）

四、实验现象与分析

    1. 现象描述：

    □ 机器人驱动节点启动

    □ 机器人控制节点启动

    □ 机器人前进、后退、转弯、左上和右下平移等

    □ 其他（请说明）：＿＿＿＿＿＿＿＿＿＿＿＿＿

续表

2. 代码修改（列出实验过程中关键修改部分）

3. 问题清单（列出实验过程中遇到的问题，已解决的写出解决办法）

4. 创新点（描述实验中尝试的创新做法或不同于常规的方法）

五、原理探究

1. 简要说明机器人全向运动的工作原理，以及它们如何使得机器人能够在任何方向上自由移动，而无需改变其朝向。

2. 请画出并分析机器人向右平移时 4 个麦克纳姆轮的受力情况。

六、思考与讨论

在利用 ROS 进行移动机器人底盘全向运动控制的过程中，你体验到了哪些 ROS 的特性和优势？同时，你觉得在实际应用中，还需要哪些改进或拓展才能更好地发挥 ROS 在机器人控制中的作用？

机械臂物料搬运

ROS 移动机器人与机械臂结合提供了一种高效、灵活的物料搬运解决方案。这种组合不仅融合了机器人的移动性和机械臂的精确操作性，更通过 ROS 系统的强大功能，实现了对复杂任务的自动化处理。在工业自动化生产线上，ROS 机器人机械臂（图 5-1）可以精准地完成物料抓取、装配和检测等工作，它们能够根据不同的产品型号和工艺要求，自动调整机械臂的姿态和动作，确保生产的连续性和准确性。同时，移动机器人的加入使得这些机械臂能够在不同工位之间自由移动，大大提高了生产效率。

图5-1　ROS移动抓取机器人

本实验旨在通过实际操作，使学生能够掌握 ROS 机器人机械臂的基本工作原理，以及如何通过改变舵机角度来精确控制机械臂的姿态，从而实现物料的精准夹取与放置。实验涵盖了 ROS 机器人机械臂的基本结构和编程实现两方面，学生将通过安装 ROS 机器人机械臂系统、调试控制程序、调整机械臂姿态等步骤，逐步掌握机械臂物料搬运的核心技术。在实验过程中，学生将深入了解 ROS 系统的架构与特点，学习如何利用 ROS 提供的工具和库来实现机械臂的控制与通信。同时，学生也可以此为支点，发挥创新精神，尝试探索更多可能的机械臂应用场景和优化方案。

一、实验目的

（1）素养提升

① 通过搭建和调试 ROS 机器人机械臂系统，深入理解机器人技术的工程应用，提升解决实际工程问题的能力。

② 鼓励学生在实验过程中探索新的机械臂控制方法和应用场景，培养创新思维和解决问题的能力。

（2）知识运用

① 能够实际操作并应用机械臂的控制原理，包括舵机控制、姿态调整等，将理论知识转化为实际操作能力。

② 能够运用传感器和感知技术知识，实现机械臂对物料的识别和定位，完成精准夹取和放置。

③ 能够通过实验中的编程和调试环节，熟练运用编程语言和相关工具，实现机械臂的自动化控制。

（3）能力训练

① 能够通过实验中的搭建和调试过程，锻炼动手能力和实践操作能力。

② 能够在实验内容及步骤的指导下，独立完成操作，并能够进行实验调整与改进。

③ 能够面对实验过程中可能出现的各种问题，独立思考、分析问题并找到解决方案，从而提升问题解决能力。

二、实验原理

本实验的核心原理在于利用 ROS 系统控制机器人及其搭载的机械臂实现物料的精准夹取与放置，融合了机器人技术、自动控制理论以及计算机编程等多个领域的知识。首先，可以通过编写节点和发布 / 订阅消息的方式来实现与机械臂之间的通信与协作。在本实验中，ROS 机器人作为移动平台，负责将机械臂运输至物料所在位置；而机械臂则通过改变舵机角度来调整姿态，实现物料的夹取与放置。其中机械臂的姿态和动作是通过改变舵机的角度来控制的（图 5-2），舵机这类伺服电机的角度可控的，可接收脉宽调制（PWM）信号旋转到指定角度。本实验通过编程控制舵机的角度变化，可以精确调整机械臂的姿态，使其能够准确地夹取物料并将其放置到指定位置。

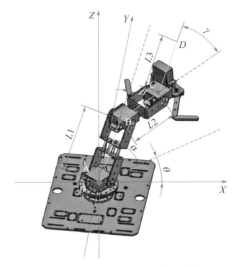

图5-2　多级串联式机械臂运动模型

三、实验内容及流程

本次实验的主要内容是利用 ROS 机器人及其搭载的机械臂实现物料的自动化搬运。实验流程如下：首先，搭建 ROS 机器人机械臂系统，将机械臂安装至机器人固定位置，安装机械臂控制库。打开机械臂控制程序，通过改变舵机角度，实现机械臂姿态的调整。根据物料位置和夹取路径，调整参数以规划机械臂的运动轨迹，并通过控制程序实现精准夹取。最后，将夹取的物料运输至指定位置并放置。实验流程如图 5-3 所示。

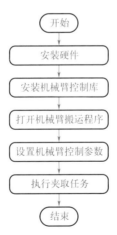

图5-3　移动机器人机械臂物料夹取流程

四、实验仪器及材料

根据上述实验内容，本实验所用的主要实验设备与物料清单见表 5-1。

表 5-1　实验仪器及材料

设备 / 物料	设备 / 物料示例	设备数量
ROS 运行平台	ROS 教育机器人 QC-8KTROS	1 台
输入设备	无线键鼠	1 套
机械臂	8KTROS 四轴串联机械臂	1 套
物料	彩色物料	3 个

五、实验步骤

（1）安装硬件

将机械臂按图 5-4 所示位置装配完成，用扳手拧动螺栓时，可以转动机械臂底座舵机，露出安装孔。然后将机械臂的连接线插入机器人的扩展接口，具体位置参照实验 1 图 1-10。

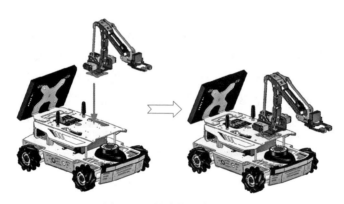

图5-4　机械臂装配位置示意

（2）安装机械臂控制依赖库

进入到 xtobot2_ws/src/xrobot_arm/jetarm 文件夹下，新建一个终端，依次输入以下命令。

```
sudo pip3 install -r requirements.txt
sudo pip3 setup.py install
```

当界面如图 5-5 所示时，输入密码：xrobot，按下回车键，从而安装本实验操控机械臂所需的机械臂依赖库。

（3）打开机械臂夹取程序

在 xrobot2_ws/src/xrobot_arm 位置双击打开 arm.py 文件，如图 5-6 所示。

图5-5　安装机械臂依赖库

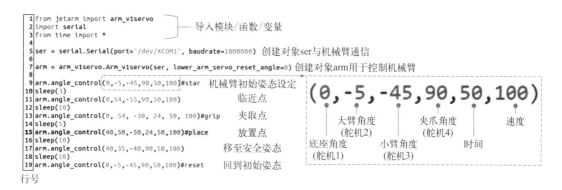

图5-6　机械臂夹取程序

（4）设置机械臂控制参数

机械臂执行夹取任务的完整流程可分为初始姿态→夹取→放置→恢复四步，每个步骤要想得到预期效果，需要通过调整机械臂上四个关节（关节由舵机控制）的角度，机械臂结构如图 5-7 所示。

例如，夹取物料分为夹爪张开接近物料（注意物料放在夹爪正前方附近），再闭合夹爪夹住物料等步骤，因此程序第 11 行和第 13 行的 5 个参数中只有小臂角度与夹爪角度进行了调整，以此实现夹取动作。参数实际数值可根据舵机实际运动角度多次尝试，也可以参照图 5-6 的程序示例。参数设置完毕后点击图 5-8 中的 ❶Save 键保存。

图5-7　机械臂结构

图5-8　保存机械臂搬运程序

（5）执行夹取任务

将程序中的参数设置完毕后，保存 arm.py 文件，在 xrobot2_ws/src/xrobot_arm 目录下新建一个终端，输入以下命令 python3 arm.py，界面如图 5-9 所示，执行机械臂物料夹取任务（图 5-10）。

```
python3 arm.py
```

图5-9　运行机械臂夹取程序界面

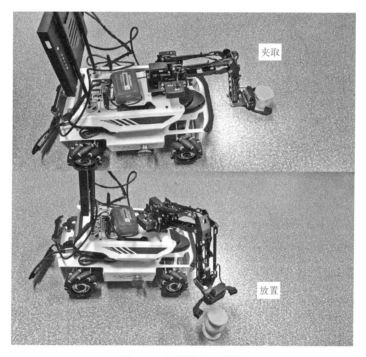

图5-10　机械臂夹取结果

六、实验小结

　　本实验利用 ROS 机器人及其机械臂实现了物料的自动化搬运，深入展示了机械臂的工作原理。学生可通过安装机械臂，改变舵机角度从而精确控制机械臂姿态，实现了对物料的精准夹取与放置。实验通过理论与实践紧密结合提升学生技能水平，为未来的学习和应用打下坚实的基础。

实验报告五

院系：		课程名称：		日期：	
姓名		学号		班级	
实验名称			成绩		

一、实验概览

　　1. 实验目的（请用一句话概括）

　　2. 关键词（列出本实验的几个关键词）

二、实验设备与环境

　　硬件配置（计算机配置）：

　　软件环境（ROS 版本、操作系统及其他必要软件）：

　　环境设置（实验环境）：

三、实验步骤

（根据教材中的实验步骤，记录自己实际操作的过程）

四、实验现象与分析

　　1. 现象描述：

　　□ 机械臂已安装在机器人上

　　□ 机械臂控制依赖库安装成功

　　□ 机械臂控制参数设置并保存

　　□ 机械臂夹取任务执行成功

　　□ 其他（请说明）：

2. 代码修改（列出实验过程中关键修改部分）

3. 问题清单（列出实验过程中遇到的问题，已解决的写出解决办法）

4. 创新点（描述实验中尝试的创新做法或不同于常规的方法）

五、原理探究

1. 简要解释机械臂执行夹取或放置动作的工作原理。

2. 你能控制机械臂的夹爪沿着一条直线运动吗？如果可以，请描述你是如何做到的；如果不能做到，描述失败的原因。

六、思考与讨论

结合本次实验，你认为机械臂的精准控制对于实现物料搬运的重要性体现在哪些方面？在实际应用中，机械臂的精准控制还有哪些潜在的应用场景？

移动机器人视觉导引

科技飞速发展的时代里，移动机器人的应用领域越来越广泛，其智能化、自主化的需求也日益迫切。在众多应用场景中，机器人智能跟随功能尤为重要。如图6-1所示的为自动跟随载货机器人，其内置镜头，支持即时定位与3D地图构建技术，移动时会自动辨识与使用者之间的位置，甚至还能搭配超声波感应器，避开路上如车子、宠物或行人等障碍物。

图6-1　自动跟随载货机器人

本实验探索如何运用颜色识别技术实现机器人的智能跟随功能。实验将从颜色区间识别的基本原理出发，介绍如何设定合适的颜色阈值，使机器人能够准确识别出目标物料。随后，将深入探讨机器人跟随物料移动的控制策略，包括运动规划、路径跟踪等方面的内容。通过本实验的学习，学生不仅能够深入了解并掌握根据颜色区间识别物料以及实现机器人跟随物料移动的核心原理和方法，还能培养解决实际问题的能力，为未来的研究和应用打下坚实的基础。

一、实验目的

（1）素养提升

① 通过本次实验，激发学生对移动机器人视觉导引技术的兴趣，培养其主动探索、勇于实践的科学精神。

② 实验涉及机器人技术、计算机视觉等多个领域，旨在培养学生跨学科学习的能力，促进知识的融合与运用。

（2）知识运用

① 能够将所学的颜色识别知识应用到实际场景中，加深对颜色识别原理和方法的理解。

② 能够通过控制机器人跟随物料移动，掌握运用所学的机器人控制技术，实现机器人的自主导航和智能交互。

③ 能够深入理解视觉导引技术的原理和工作机制，为后续的研究和应用打下基础。

（3）能力训练

① 能够通过仔细观察机器人的运行状态和跟踪物料的移动轨迹，从而调整实验操作。

② 能够在实验内容及步骤的指导下，独立完成操作，并能够进行实验调整与改进。

③ 能够根据实际需求对本实验的视觉导引程序进行调试与优化。

二、实验原理

本实验主要利用视觉技术来实现移动机器人对特定物料的识别与跟随。实验的核心原理在于通过颜色区间识别技术，使机器人能够准确区分出目标物料，并据此调整自身运动轨迹，实现跟随功能。实验首先通过机器人搭载的摄像头捕捉环境图像，这些图像将被传输到机器人的处理单元，由于 RGB 颜色空间［图 6-2（a）］与亮度密切相关，利于显示，但不适合图像处理，因此转换为 HSV 颜色空间［图 6-2（b）］，直观地表达颜色的色调、鲜艳程度和明暗程度，方便进行颜色的对比。

转换后，预设一个 HSV 区间，这个区间代表了目标物料的颜色范围。机器人将对比图像中每个像素的颜色值与预设的颜色区间，从而识别出目标物料的位置和形状。一旦机器人成功识别出目标物料，接下来便是机器人跟随物料移动，涉及运动控制算法。机器人根据目标物料的位置和自身当前位置，计算出合适的运动参数，如速度、方向等。这些参数将被发送给机器人的驱动系统，控制其运动，使机器人能够跟随目标物料移动。在实验过程中，一些影响识别与跟随精度的因素也需考虑。例如，光照条件的变化可能会导致图像颜色的变化，从而影响颜色识别的准确性。此外，物料的动态移动也可能导致机器人在跟随过程中出现偏差，后续可以自主探究通过优化算法和参数调整，提高机器人在不同环境下的适应性和稳定性。

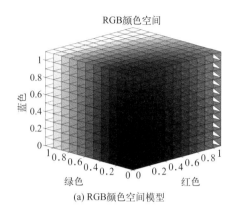
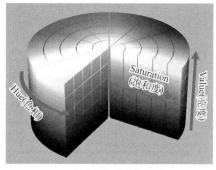

(a) RGB颜色空间模型　　　　　　　(b) HSV颜色空间模型

图6-2　两种颜色空间模型

三、实验内容及流程

　　本实验内容主要围绕移动机器人通过视觉技术识别特定颜色区间的物料，并随后控制机器人跟随物料移动进行展开。实验流程如下：首先，设置机器人视觉系统，调整摄像头参数以获取清晰的环境图像。接着，定义目标物料的颜色区间，通过编程实现颜色识别算法。随后，启动机器人，使其能够实时捕捉并处理图像，识别出目标物料。一旦识别成功，机器人将根据预设的跟随算法，计算并调整自身运动轨迹，确保能够稳定跟随物料移动。实验流程如图 6-3 所示。

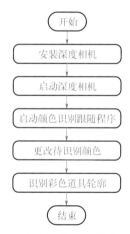

图6-3　移动机器人视觉导引流程

四、实验仪器及材料

　　根据上述实验内容，本实验所用的主要实验设备与物料清单见表 6-1。

表 6-1   实验仪器及材料

设备 / 物料	设备 / 物料示例	设备数量
ROS 运行平台	ROS 教育机器人 QC-8KTROS	1 台
输入设备	无线键鼠	1 套
待识别对象	彩色物料	3 个
视觉传感器	深度相机 Astra s	1 个
连接件	M2.5 螺钉	4 颗

五、实验步骤

（1）安装深度相机

将 8KTROS 配套的深度相机用 4 颗 M2.5 螺钉安装至如图 6-4 标识 ❶ 所示位置，相机连接线的 USB 口插入机器人标识 ❷ 位置。

USB接口

图6-4   深度相机安装连接

（2）启动深度相机

参照实验 2 实验步骤（1）新建终端，输入以下命令以启动相机，界面如图 6-5 所示。

```
roslaunch xrobot_driver xrobot_astra_camera.launch
```

（3）启动颜色识别跟随程序

首先保证步骤（1）中的终端不要关闭，新建一个终端，输入以下命令以启动颜色识别跟随程序，同时调用 RViz 三维可视化软件，如图 6-6 所示。

```
roslaunch xrobot_cv detect_follow.launch
```

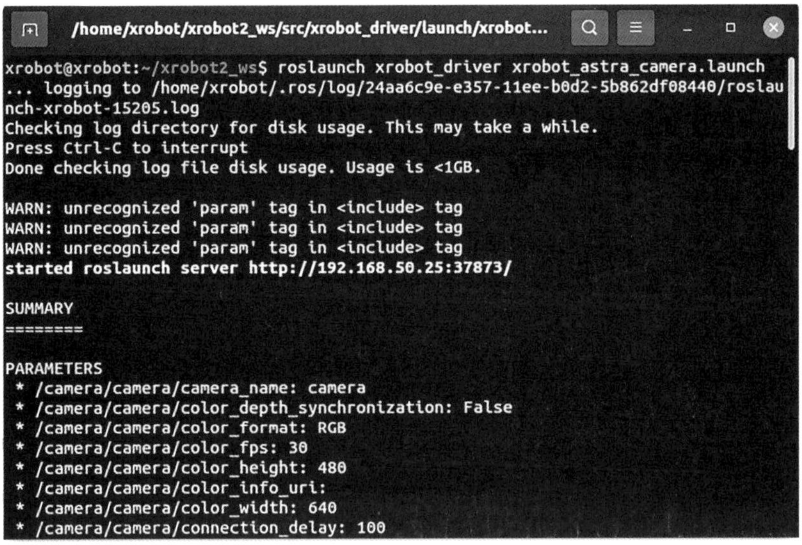

图6-5　相机启动界面

图6-6　颜色识别跟随程序启动界面

（4）更改待识别颜色

前面的终端不要关闭，新建一个终端，输入以下命令，出现图 6-7 所示界面，点击
❶object detect 出现 ❷ 处界面，可以通过调整 HSV 数值来更改要识别的颜色，HSV 数值
与对应颜色如表 6-2 所示。

```
rosrun rqt_reconfigure rqt_reconfigure
```

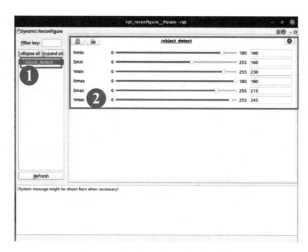

图6-7　更改待识别颜色界面

表 6-2　HSV 数值与颜色对应表

颜色	黑	灰	白	红		橙	黄	绿	青	蓝	紫
H_min	0	0	0	0	156	11	26	35	78	100	125
H_max	180	180	180	10	180	25	34	77	99	124	155
S_min	0	0	0	43		43	43	43	43	43	43
S_max	255	43	30	255		255	255	255	255	255	255
V_min	0	46	221	46		46	46	46	46	46	46
V_max	46	220	255	255		255	255	255	255	255	255

（5）识别彩色物料轮廓

将本实验的三个彩色物料（如图 6-8 所示，有红绿蓝三种颜色）分别移至深度相机视野范围，观察 RViz 界面中显示的相机画面，彩色物料的轮廓将被识别框选出，如图 6-9 所示。

图6-8　三个彩色物料

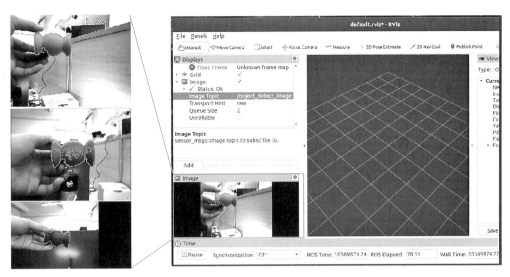

图6-9 彩色物料轮廓识别效果

在相机视野中移动彩色物料，机器人将跟随物料移动，如图 6-10 所示。

注意：若界面上已有框选出物料轮廓的窗口，但机器人未跟随移动，请检查机器人右侧红色急停按钮是否打开，将按钮顺时针旋开则开启。

图6-10 实验结果

六、实验小结

    本实验通过视觉技术实现了移动机器人对特定颜色区间物料的识别与跟随。实验过程中，机器人成功捕捉并处理了环境图像，准确识别出目标物料，并实现了稳定跟随。本实验不仅验证了视觉导引技术的可行性，也为后续研究和应用提供了有益的经验和参考。

实验报告六

院系：		课程名称：		日期：	
姓名		学号		班级	
实验名称			成绩		

一、实验概览

　　1.实验目的（请用一句话概括）

　　2.关键词（列出本实验的几个关键词）

二、实验设备与环境

　　硬件配置（计算机配置）：

　　软件环境（ROS 版本、操作系统及其他必要软件）：

　　环境设置（实验环境）：

三、实验步骤

（根据教材中的实验步骤，记录自己实际操作的过程）

四、实验现象与分析

　　1. 现象描述：

　　□ 深度相机已安装在机器人上

　　□ 深度相机启动成功

　　□ 颜色识别跟随程序启动成功

　　□ 待识别颜色设置完成

　　□ 彩色物料轮廓识别成功

　　□ 机器人跟随物料移动

　　□ 其他（请说明）：＿＿＿＿＿＿＿＿＿＿＿＿＿＿

2. 代码修改（列出实验过程中关键修改部分）

3. 问题清单（列出实验过程中遇到的问题，已解决的写出解决办法）

4. 创新点（描述实验中尝试的创新做法或不同于常规的方法）

五、原理探究

1. 为什么需要将图像从 RGB 颜色空间转换到 HSV 颜色空间？请解释这两种颜色空间的特点，并讨论在图像处理中，HSV 颜色空间相比于 RGB 颜色空间的优势是什么？

2. 机器人如何根据目标物料的位置信息调整自身的运动轨迹？请根据实验所用的跟随控制算法的代码段落进行解释，并讨论在此过程中需要考虑哪些关键因素（如距离、角度、速度等）。

六、思考与讨论

在本实验中，我们使用了颜色区间识别技术来识别物料。你认为这种技术有哪些优缺点？在实际应用中，是否存在其他更适合的识别技术？请给出你的理由。

移动机器人视觉分拣

日新月异的科技时代中，移动机器人技术正逐渐成为自动化、智能化领域的核心力量。随着物联网、大数据、云计算等技术的迅猛发展，移动机器人在各个领域的应用场景越来越广泛。而在这些应用场景中，移动机器人视觉分拣技术更是凭借其高效、准确的特点，在物料处理领域发挥着日益重要的作用，如图 7-1 所示。

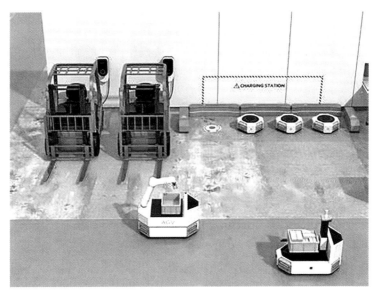

图7-1　移动分拣机器人

本实验将重点介绍基于 ROS 的移动机器人视觉技术，目的在于引导学生深入理解并掌握移动机器人视觉分拣的基本原理与实现方法。本实验将融合深度相机与机械臂，首先相机获取环境的三维信息，为机器人提供丰富的视觉感知数据，由此机器人可以准确地识别出不同颜色的物料。然后操控机械臂夹取物料分拣至不同的位置，学生需根据实际情况调整程序参数进而完善这一过程。通过调试与优化，确保机器人能够稳定地运行，并准确地完成物料分拣任务。

一、实验目的

（1）素养提升

① 提升学生主动探索、勇于实践的科学素养，增强对机器人技术的兴趣和好奇心。

② 通过 ROS 机器人与深度相机的结合，学习如何运用机器视觉技术识别物料颜色，并熟悉相关算法和工具的使用，从而提升对机器视觉技术的理论认知和实践操作能力。

（2）知识运用

① 能够运用颜色空间理论知识，实现 ROS 机器人通过深度相机对物料颜色的准确识别。

② 能够具备在实际场景中运用机器视觉技术进行物料分拣的能力。

③ 能够将机器人与视觉识别系统进行有效集成，利用视觉信息引导机器人的运动，加深对机器人控制与视觉识别技术的理解，提升综合运用能力。

（3）能力训练

① 能够看懂视觉分拣程序，明确程序的实现逻辑。

② 能够在实验内容及步骤的指导下，独立完成操作，并能够进行实验调整与改进。

③ 能够根据实际需求对本实验的视觉分拣程序进行调试与优化。

二、实验原理

本实验的核心原理在于利用 ROS 框架控制移动机器人，并结合深度相机实现物料颜色的识别与定位，最终通过机械臂完成物料的分拣任务。

实验原理主要涉及 HSV 阈值设定、颜色空间转换以及机械臂控制技术。其中，深度相机是实现视觉分拣的关键设备，通过深度相机，机器人可以获取环境的三维信息，实时感知物料的位置和颜色信息，为后续的机械臂操作提供准确的指导。在视觉识别方面，本实验采用基于颜色的识别方法，通过深度相机获取的图像数据，机器人可以提取出物料的颜色特征，并与预设的颜色阈值进行比较，从而确定物料的颜色类型。在确定了物料的颜色后，机器人需要根据不同的颜色将物料分拣至不同位置。这一过程中，机械臂起到了关键作用。机械臂在 ROS 的控制下，能够精确地抓取物料，并将其放置到指定位置。为了实现机械臂的精确控制，本实验采用了基于四个舵机的控制方法，确保机械臂能够按照预设的路径和姿态进行运动，整个过程的原理框架如图 7-2 所示。

图7-2　实验原理框图

三、实验内容及流程

本实验将使用 ROS 机器人，通过深度相机识别物料颜色，并利用机械臂进行物料分拣。实验旨在验证视觉分拣系统的有效性，并探索优化分拣效率的方法。

实验流程如下：将机械臂、深度相机和显示屏装配完成，机器人与机械臂、深度相机分别连接，然后启动深度相机，确保相机正常工作并与 ROS 机器人正确连接。然后阅读学习视觉分拣程序，在指定位置打开视觉分拣程序，并配置机械臂的控制参数。确保程序能够正确解析相机数据，并控制机械臂进行精确操作。最后执行视觉分拣任务，启动 ROS 机器人，通过深度相机获取物料图像，识别物料颜色，并控制机械臂进行抓取和分拣。根据任务执行效果调整程序参数以优化性能。重复执行实验，直至达到满意的分拣效果。实验流程如图 7-3 所示。

图7-3　移动机器人视觉分拣流程

四、实验仪器及材料

根据上述实验内容，本实验所用的主要实验设备与物料清单见表 7-1。

表 7-1　实验仪器及材料

设备 / 物料	设备 / 物料示例	设备数量
ROS 运行平台	ROS 教育机器人 QC-8KTROS	1 台
输入设备	无线键鼠	1 套
待识别对象	彩色物料	3 个
机械臂	8KTROS 四轴串联机械臂	1 套
视觉传感器	深度相机 Astra s	1 个
连接件	M2.5 螺钉	4 颗

五、实验步骤

（1）硬件装配

将机械臂、深度相机、显示屏安装完成。首先取出相机支架，将光轴卸下安装至机器人相应位置，如图 7-4 所示。

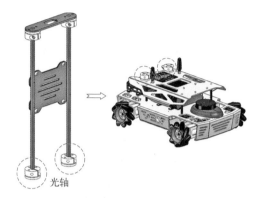

光轴

图7-4　光轴安装位置示意

将深度相机安装至相机支架上，再将显示屏从机器人原装位置拆下安装于显示屏接驳板上，最后将支架装入机器人上的光轴处并拧紧螺栓固定，如图 7-5 所示。

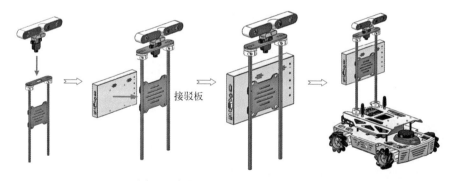

接驳板

图7-5　相机和显示屏安装位置示意

最后将机械臂安装在机器人前侧，如图 7-6 所示。

（2）启动深度相机

参照实验 6 实验步骤（2）启动深度相机。

（3）打开视觉分拣程序

进入 xtobot2_ws/src/xrobot_arm 文件夹下，找到 detect_grab.py 文件，双击打开，如图 7-7 所示，该文件为视觉分拣主程序。程序的流程如图 7-8 所示，相机获取到图像后，对图像进行颜色检测，这个过程中先以 HSV 值定义红、蓝、绿三种颜色的阈值，将图像由 RGB 颜色空间转换为 HSV 值后，根据 HSV 值提取特定颜色区域，去除噪声后将该区域框出。然后根据检测出的不同颜色夹取物料分拣至不同位置。

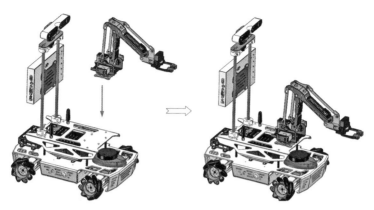

图7-6 机械臂安装位置示意

图7-7 视觉分拣程序界面

（4）执行视觉分拣任务

在 xtobot2_ws/src/xrobot_arm 下新建一个终端，输入以下命令以运行视觉分拣程序，界面如图 7-9 所示。

```
roslaunch xrobot_arm detect_grab.launch
```

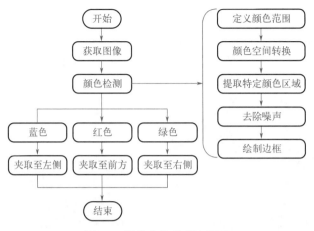

图7-8　视觉分拣程序流程图

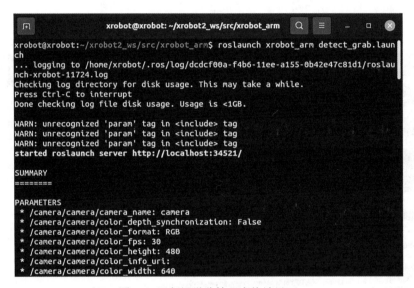

图7-9　运行视觉分拣程序终端界面

将实验配套的一个物料放在深度相机视野中，如图 7-10（a）所示，随后将物料放至夹爪中间，如图 7-10（b）所示，机器人将闭合夹爪夹取物料放至对应位置，如图 7-11所示。

注意：物料不要停留太长时间，否则机器人会重复执行抓取动作。

（5）调整程序参数

观察视觉分拣任务是否达到预期效果，根据实验 5 机械臂夹取的实验经验，尝试改动物料最后的放置位置，例如将 3 个物料摆放为一排或一列等。具体而言，在 detect_grab.py文件的 color_detection 函数的 for 循环中（程序第 74 行），调整 angle_control 中的参数，如图 7-12 所示，改变机械臂的角度从而改变物料放下的位置。将修改后的程序保存，重复步骤（3）。

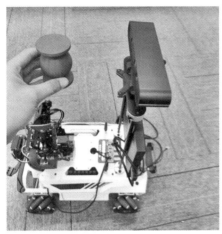

(a) 物料移至相机视野内 (b) 物料移至夹爪中间

图7-10 物料放置位置示意

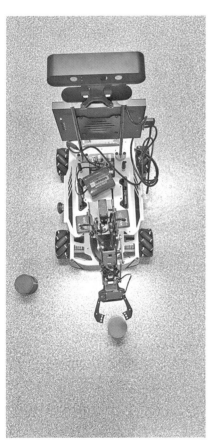

图7-11 视觉分拣程序运行结果

```
74          for contour in contours:
75              x, y, w, h = cv2.boundingRect(contour)
76              if cv2.contourArea(contour) > 500:   # 设置最小区域面积以排除噪声
77                  if np.any(red_mask[y:y+h, x:x+w]):
78                      cv2.rectangle(self.cv_image, (x, y), (x+w, y+h), (0, 0, 255), 2)
79                      sleep(2)
80                      self.arm.angle_control(0,-5,-45,24,50,100) 夹取道具姿态
81                      sleep(5)
82                      self.arm.angle_control(0,54,-50,24.50,100) 预放置姿态
83                      sleep(5)
84                      self.arm.angle_control(0,30,-40,90,50,100) 道具放置姿态
```

调整参数可改变放置位置

图7-12　改变物料放置位置示意

六、实验小结

本实验通过 ROS 机器人与深度相机的结合，教学生如何实现物料颜色的识别与分拣。实验中，深度相机精准捕捉物料颜色信息，ROS 机器人自主导航至指定位置，机械臂则准确抓取并放置物料。本次实验展现了机器人技术的先进性与实用性，尤其在物料处理领域具有巨大的应用潜力。

实验报告七

院系：		课程名称：		日期：	
姓名		学号		班级	
实验名称			成绩		

一、实验概览

　　1. 实验目的（请用一句话概括）

　　2. 关键词（列出本实验的几个关键词）

二、实验设备与环境

　　硬件配置（计算机配置）：

　　软件环境（ROS 版本、操作系统及其他必要软件）：

　　环境设置（实验环境）：

三、实验步骤

　　（根据教材中的实验步骤，记录自己实际操作的过程）

四、实验现象与分析

　　1. 现象描述：

　　□ 硬件装配完成

　　□ 视觉分拣程序中分拣物料代码段已显示

　　□ 视觉分拣程序终端界面已打开

　　□ 机器人夹取一个物料分拣至指定位置

　　□ 视觉分拣程序运行成功

　　□ 其他（请说明）：_____

2. 代码修改（列出实验过程中关键修改部分）

3. 问题清单（列出实验过程中遇到的问题，已解决的写出解决办法）

4. 创新点（描述实验中尝试的创新做法或不同于常规的方法）

五、原理探究

1.深度相机如何提供三维信息以辅助物料的识别与定位？请解释深度相机的工作原理，并说明它相较于传统二维相机在物料分拣任务中的优势。

2.在 ROS 框架下，如何设计机械臂的控制算法来实现高效的物料分拣？请描述一个基本的机械臂控制流程，并讨论如何通过调整机械臂的运动参数（如速度、加速度等）来优化分拣效率。

六、思考与讨论

通过本次实验，你对移动机器人视觉分拣技术有了哪些新的认识？你认为这项技术在实际应用中可能面临哪些挑战？请提出你的看法，并讨论如何克服这些挑战以推动技术的发展。

移动机器人 SLAM 建图

随着机器人技术的飞速发展，移动机器人在各个领域的应用日益广泛。其中，地图构建（SLAM）技术作为移动机器人自主导航的关键技术之一，其重要性日益凸显。SLAM 技术赋予机器人在未知环境中自我感知和定位的能力，让它们能够自主构建出精确的环境地图，为后续的导航、避障等任务提供关键依据，例如美国"好奇号"火星探测器（图 8-1），其上安装有导航相机与避险相机，可防止"好奇号"意外撞上障碍物。

图8-1　"好奇号"火星探测器

本实验旨在帮助学生深入理解和掌握 SLAM 建图的基本原理和方法，通过实践操作提升机器人开发和应用能力。实验过程中，学生将使用 ROS 作为实验平台，利用其灵活的框架和丰富的工具包，实现 SLAM 建图功能。通过利用移动机器人硬件平台，启动传感器驱动和 ROS 工作环境，学生可以启动 ROS 节点来订阅传感器数据，并应用 SLAM 算法进行定位和建图。

一、实验目的

（1）素养提升

① 通过亲自操作移动机器人平台、运用传感器和进行 SLAM 建图实验，激发学生对机器人技术的实践兴趣，培养在实践中发现问题、解决问题的探索精神。

② 通过 SLAM 建图实验体会其精确的数据处理、算法调整和环境配置等要求，培养学生的科学思维和严谨的实验态度。

（2）知识运用

① 能够理解机器人感知、定位、导航等基础理论知识。

② 能够理解 SLAM 算法的原理和工作机制，并将其应用于实际场景中。

③ 能够掌握地图构建的基本流程和方法，包括数据预处理、地图生成等。

（3）能力训练

① 能够启动 ROS 节点、实现 SLAM 算法和数据处理。

② 能够在实验内容及步骤的指导下，独立完成操作，并能够进行实验调整与改进。

③ 能够面对实验过程中可能出现的各种问题，如传感器数据异常、定位精度不足等，独立思考并找到解决方案，锻炼问题解决能力。

二、实验原理

在移动机器人 SLAM 建图实验中，其核心在于同步进行定位和地图构建。这一过程涉及机器人的感知、决策和控制等多个方面，是机器人实现自主导航的关键技术之一。首先，定位是 SLAM 技术的基石，机器人通过携带的传感器，如激光雷达或相机，实时获取周围环境的信息，这些信息经过处理和分析后，用于估计机器人的当前位置和方向。由于机器人在未知环境中运动，其位置和方向信息会随着时间而不断改变，因此定位过程需要实时进行，以确保机器人对自身位置的准确感知。定位的同时，机器人还需要根据获取的环境信息来构建出周围的环境地图。这一过程需要通过对传感器数据的融合和处理，提取出环境特征，并根据这些特征构建出地图。随着机器人的运动，地图也会不断更新和完善，最终形成一个完整的、可用于导航的环境地图，整个系统的框图如图 8-2 所示。

需要注意的是，定位和地图构建是两个相互依存的过程。机器人的定位需要依赖已经构建的地图，而地图的构建又需要准确的定位信息。因此，在 SLAM 技术中，这两个过程需要同时进行，通过迭代和优化的方式，不断提高定位和地图构建的精度和可靠性。总之，移动机器人 SLAM 建图实验是基于同步定位和地图构建的思想，通过机器人携带的传感器实时获取环境信息，实现机器人的精确定位和地图构建。

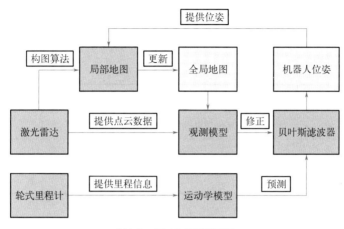

图8-2　SLAM系统框图

三、实验内容及流程

　　本次实验旨在通过实际操作，让学生深入理解和掌握移动机器人 SLAM 建图的基本原理和方法。实验的主要内容是操作移动机器人硬件平台，启动传感器和 ROS 工作环境；使用指令启动 ROS 节点，实现 SLAM 算法，呈现可视化界面；控制机器人移动，利用传感器数据进行实时定位和地图构建，观察并记录机器人的定位和建图效果。最后，对实验结果进行分析和评估，包括地图的精度和完整性的评价，以及可能存在的误差和问题的讨论。在实验过程中，学生需要密切关注机器人的运动状态，并通过调整控制指令来优化机器人的运动效果。实验流程如图 8-3 所示。

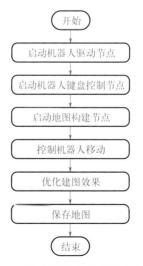

图8-3　移动机器人底盘运动流程

四、实验仪器及材料

根据上述实验内容，本实验所用的主要实验设备与物料清单见表 8-1。

表 8-1　实验仪器及材料

设备 / 物料	设备 / 物料示例	设备数量
ROS 运行平台	ROS 教育机器人 QC-8KTROS	1 台
输入设备	无线键鼠	1 套
传感器	激光雷达	1 个

五、实验步骤

（1）启动机器人驱动节点与机器人键盘控制节点

参照实验 4。

（2）启动地图构建节点

首先保证步骤（1）中的两个终端不要关闭，新建一个终端，输入以下指令启动建图，界面如图 8-4 所示，启动建图的初始界面状态如图 8-5 所示。

```
roslaunch xrobot_slam xrobot_slam.launch
```

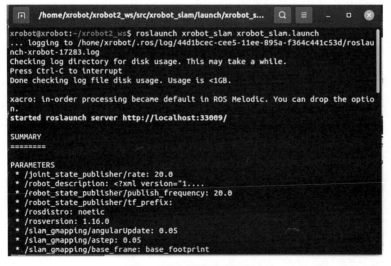

图8-4　启动建图节点界面

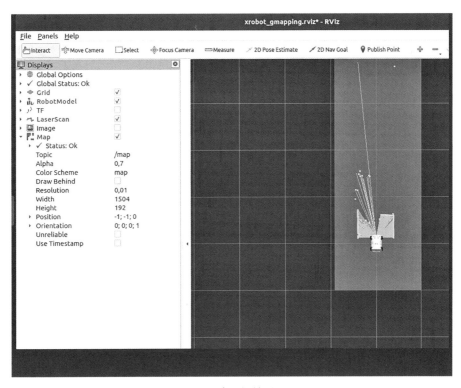

图8-5　建图初始界面

（3）控制机器人移动

确保鼠标指针在键盘输入控制机器人移动的终端中后（指令：roslaunch xrobot_teleop keyboard.launch），使用键盘控制机器人移动，开始建立地图，如图 8-6 所示。

（4）优化建图效果

观察地图构建效果，调整机器人的运动，在实验环境中，尽量避免或减少动态物体的干扰，如行人、移动物体等，针对环境中的特殊特征，如反光面、透明物体等，可以采取特殊处理方法，如增加光照以改善对这些特征的感知效果。观察建完的地图，认为所建立的地图符合实际场景后进入下一步。

（5）保存地图

新建终端输入以下指令，其中 nav 为保存地图的名称，完成所建立地图的保存，完整地图如图 8-7 所示。

```
rosrun map_server map_saver -f ~/xrobot2_ws/src/xrobot_
navigation/maps/nav
```

智能机器人 ROS 控制项目实战

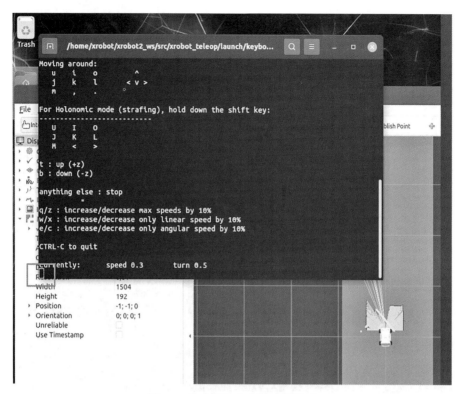

图8-6　移动机器人建图过程界面

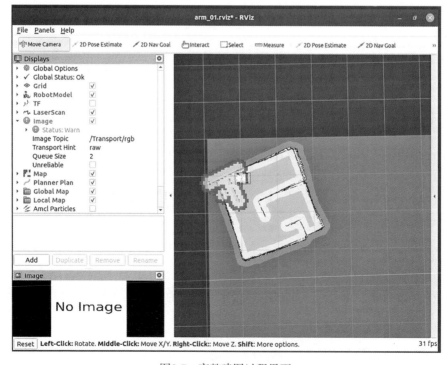

图8-7　完整建图过程界面

六、实验小结

    本实验通过实际操作，使学生深入掌握 SLAM 技术的核心原理。在 ROS 平台的支持下，机器人成功实现了实时定位与地图构建，地图完整度高且细节丰富。实验过程锻炼了学生的编程、调试与问题解决能力，加深了对 SLAM 算法的理解。整体而言，实验效果显著，不仅达到了预期目标，也为进一步研究和应用移动机器人 SLAM 技术奠定了坚实基础。

实验报告八

院系:		课程名称:		日期:	
姓名		学号		班级	
实验名称			成绩		

一、实验概览

1.实验目的（请用一句话概括）

2.关键词（列出本实验几个关键词）

二、实验设备与环境

硬件配置（计算机配置）：

软件环境（ROS 版本、操作系统及其他必要软件）：

环境设置（实验环境）：

三、实验步骤

（根据教材中的实验步骤，记录自己实际操作的过程）

四、实验现象与分析

1. 现象描述：

□ 地图构建界面已显示

□ 机器人在环境中移动建立地图

□ 地图构建结果已优化

□ 地图构建结果已保存

□ 其他（请说明）：_____

2. 代码修改（列出实验过程中关键修改部分）

3. 问题清单（列出实验过程中遇到的问题，已解决的写出解决办法）

4. 创新点（描述实验中尝试的创新做法或不同于常规的方法）

五、原理探究

1. 简要说明 SLAM 地图构建的工作原理。

2. 在 SLAM 中，定位和地图构建是相互依赖的两个过程，请详细解释这种依赖关系。

六、思考与讨论

SLAM 技术在实际应用中面临哪些挑战？你认为未来 SLAM 技术的发展方向是什么？请结合你的实验经验和相关知识，谈谈你的看法和建议。

移动机器人 SLAM 自主导航

在实验 8 中，SLAM 技术让机器人绘制出详尽的地图。或许你会问，这幅地图究竟有什么妙用呢？其实，地图不仅是环境的复制，更是机器人实现自主导航的"指南针"。自主导航是机器人领域的一个重大挑战，它要求机器人在没有人为干预的情况下，能够独立完成一系列复杂的任务。这包括但不限于：自主规划从起点到终点的最佳路径，实时识别环境中的障碍物并灵活避开，以及在复杂多变的环境中保持对目标位置的准确追踪。而有 SLAM 技术参与所生成的地图，正是机器人实现这一功能所依赖的关键信息。图 9-1 所示为无人驾驶汽车的感知系统，以多种传感器的数据与高精度地图的信息作为输入，使汽车对周围环境精确感知。

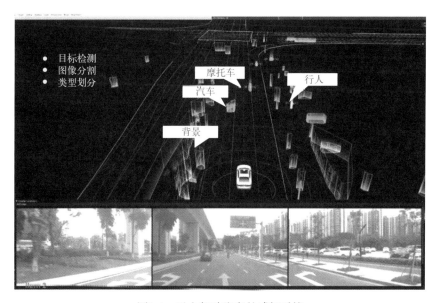

图9-1　无人驾驶汽车的感知系统

在本实验中，学生需操控移动机器人进行单点导航和多点导航任务，使机器人到达期望的位置点。实验旨在通过引入基于 ROS 的 SLAM 技术，帮助读者深入理解移动机器人的自主导航原理，并掌握相关的实践技能。

一、实验目的

（1）素养提升

① 通过亲自操作移动机器人平台进行自主导航，培养学生对机器人技术的兴趣与热情，激发探索未知领域的欲望，提升科学素养。

② 通过自主导航实验中精确的操作和细致的调试等实践，培养学生的耐心与细心，培养综合解决问题的能力。

（2）知识运用

① 能够将 ROS 的理论知识应用于实际机器人平台，实现 SLAM 自主导航功能。

② 能够加深对 SLAM 算法原理的理解，通过实践掌握其在实际应用中的优势和局限性。

③ 能够熟练规划移动机器人目标位置点，熟练进行机器人多点导航的操作流程设置。

（3）能力训练

① 能够启动 ROS 节点、实现 SLAM 单点导航和多点导航。

② 能够在实验内容及步骤的指导下，独立完成操作，并能够进行实验调整与改进。

③ 能够将机器人技术与实际应用场景相结合，提出切实可行的解决方案。

二、实验原理

在移动机器人 SLAM 自主导航实验中，核心原理在于机器人通过感知、决策和执行三个阶段的循环，实现自主导航。这一过程与日常生活中使用地图导航 App 有着异曲同工之妙，但机器人的导航更为复杂，因为它需要在未知或动态变化的环境中实时感知和决策。首先，机器人需要利用搭载的传感器（如激光雷达、摄像头等）实时感知周围环境，提取出环境中的特征点和障碍物信息。同时，通过里程计或 AMCL 技术，机器人能够确定自身在环境中的位置。这一步骤是导航的基础，只有准确感知和定位，机器人才能进行有效的路径规划。然后机器人根据感知到的环境信息和设定的目标点，利用全局规划器进行路径规划，如图 9-2 所示。全局规划器基于全局地图的信息，计算出从起点到终点的最优路径。这一路径考虑了环境的结构、障碍物的分布以及机器人的运动学特性等因素，旨在使机器人以最高效的方式到达目标点。

然而，在实际运动过程中，机器人可能会遇到突发情况或动态障碍物，这时就需要本地规划器进行动态决策。本地规划器根据实时感知到的环境信息，实时调整机器人的运动轨迹，使其能够避开障碍物并尽可能沿着全局路径前进。同时，本地规划器还会计算每个时刻的运动速度，通过话题发送给机器人的底盘，实现机器人的精确控制。综上所述，移动机器人 SLAM 自主导航实验原理涉及感知、定位、路径规划和动态决策等多个环节，通过深入理解这一原理，学生可以更好地掌握机器人导航技术的核心要点，为未来的学习和应用提供有力支持。

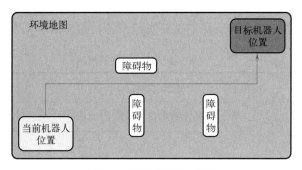

图9-2 SLAM导航示意图

三、实验内容及流程

本实验旨在通过 RViz 导航界面，实现移动机器人的单点及多点自主导航功能。首先启动 RViz 导航界面，观察机器人当前位置及周围环境。对于单点自主导航，在地图上点击目标点，机器人将自动规划路径并前往该点。在此过程中，观察机器人路径规划及避障情况，记录相关数据。进行多点自主导航实验时需首先添加相应插件以支持多点导航功能。然后修改相关按钮的话题，使其能够接收多个目标点的信息。在地图上新增目标点标记，并给定多个目标点。点击开始按钮，机器人将依次前往各个目标点，完成多点导航任务。

在实验过程中，注意观察机器人的运动状态及导航效果，记录实验数据。实验结束后，分析实验结果，总结机器人在自主导航过程中的表现及存在的问题，为后续学习提供参考。实验流程如图 9-3 所示。

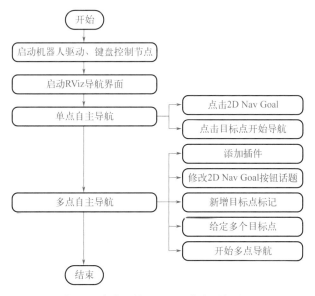

图9-3 移动机器人SLAM自主导航流程

四、实验仪器及材料

根据上述实验内容，本实验所用的主要实验设备与物料清单见表 9-1。

表 9-1　实验仪器及材料

设备 / 物料	设备 / 物料示例	设备数量
ROS 运行平台	ROS 教育机器人 QC-8KTROS	1 台
输入设备	无线键鼠	1 套
场地	ROS 教育机器人场地搭建物料	1 套

五、实验步骤

（1）启动机器人驱动节点与启动机器人键盘控制节点

参照实验 4。

注意：若接着实验 8 继续本实验，则需关闭 roslaunch xrobot_slam xrobot_slam.launch
终端［实验 8 实验步骤（2）］。

（2）启动 RViz 导航界面

首先保证步骤（1）中的两个终端不要关闭，新建一个终端，输入以下命令启动导航，
界面状态如实验 8 的图 8-5 所示。

```
roslaunch xrobot_navigation xrobot_navigation.launch
```

（3）单点自主导航

① 点击 2D Nav Goal。点击 RViz 上的 ❶2D Nav Goal（图 9-4 方框处），此时鼠标在地
图界面的移动过程中带有箭头图标。

② 在 RViz 中的地图上点击一个 ❷ 目标点（该点需是机器人能够到达的空地），机器
人随即规划路径并移动到目标点处。

（4）多点自主导航

① 添加插件。按顺序依次点击❶Panels ❷Add New Panel ❸navi_multi_goals pub_rviz_
plugin ❹MultiNaviGoalsPanel，如图 9-5 所示，最后界面左下角出现 MultiNaviGoalsPanel
的栏目框（图 9-6），其功能说明见表 9-2。

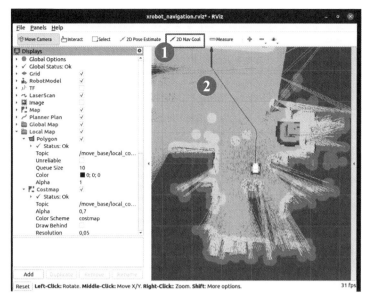

图9-4　移动机器人单点导航界面

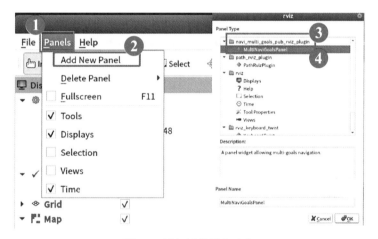

图9-5　添加插件操作流程

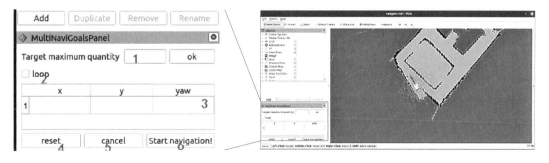

图9-6　MultiNaviGoalsPanel所在位置

智能机器人 ROS 控制项目实战

表 9-2　MultiNaviGoalsPanel 界面功能说明

序号	参数	说明
1	目标点的最大数量	所设置目标点个数不能大于该参数
2	是否循环	若勾选，导航至最后一个目标点后，将重新导航至第一个目标点。例如 1→2→3→1→2→3→……，该选项必须在开始导航前勾选
3	任务目标点列表	x/y/yaw 表示地图上给定目标点的位姿（xy 为坐标，yaw 为航向角）。设置完目标最大数量，保存后，该列表会生成对应数量的条目。每给出一个目标点，此处会读取到目标点的坐标与朝向
4	重置	清空当前所有目标点
5	取消	取消当前目标点导航任务，机器人停止运动。再次点击开始导航后，会从下一个任务点开始。 例：目标点 1→2→3，在 1→2 的过程中点击取消，机器人停止运动，点击开始导航后，机器人将从当前坐标点去往目标点 3。
6	开始导航	开始自主导航任务

② 修改 2D Nav Goal 按钮话题。按顺序依次点击❶Panels ❷Add New Panel ❸Tool Property ❹OK，如图 9-7 所示，再将 2D Nav Goal → Topic 修改为 /move_base_simple/goal_temp，如图 9-8 所示。

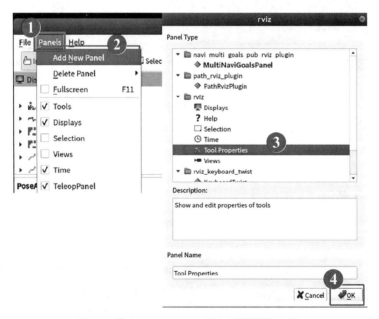

图9-7　修改 2D Nav Goal 按钮话题操作流程1

③ 新增目标点标记。找到 RViz 界面左上角的 Display 栏目下，点击❶Add，在 By display type 栏目下点击❷Marker ❸OK，如图 9-9 所示。

④ 给定多个目标点。同步骤（3）单点自主导航步骤类似，先点击 "2D Nav Goal"，再在地图上移动鼠标点击目标点，注意，每设置一个目标点都需要先点击 "2D Nav Goal"。图 9-10 为已设置 3 个目标点的界面，其中目标点上的箭头可点击拖拽调整方向。

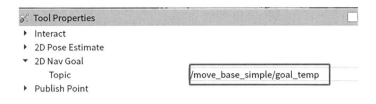

图9-8　修改 2D Nav Goal 按钮话题操作流程2

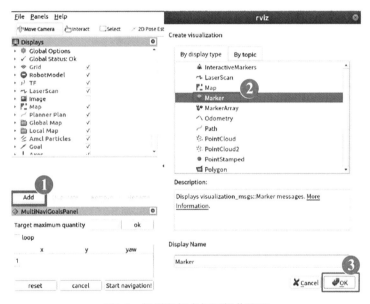

图9-9　新增目标点标记操作流程

图9-10　给定多个目标点界面

⑤ 开始多点导航。点击❶Start-navigation！开始多点导航，每次导航到一个目标点，❷处变为红色，如图 9-11 所示。

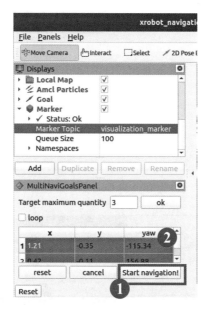

图9-11　多点导航功能界面

六、实验小结

本实验通过操控移动机器人平台，实现在已构建地图上进行单点自主导航与多点自主导航功能，使学生对 ROS 框架下的 SLAM 技术有更深入的理解。在 SLAM 算法的运行过程中，我们观察机器人如何实时感知环境，并依据地图进行自主路径规划。通过调整目标点与优化目标点方向，机器人的导航精度会有一定提升。本次实验能够提升实践能力，加深对机器人自主导航技术的认识，并为后续研究与应用打下坚实基础。

实验报告九

院系：		课程名称：		日期：	
姓名		学号		班级	
实验名称			成绩		

一、实验概览

　　1. 实验目的（请用一句话概括）

　　2. 关键词（列出本实验的几个关键词）

二、实验设备与环境

　　硬件配置（计算机配置）：

　　软件环境（ROS 版本、操作系统及其他必要软件）：

　　环境设置（实验环境）：

三、实验步骤

　　（根据教材中的实验步骤，记录自己实际操作的过程）

四、实验现象与分析

　　1. 现象描述：

　　□ RViz 导航界面已显示

　　□ 单个目标点自主导航已完成

　　□ 多点自主导航设置完成

　　□ 多点自主导航已完成

　　□ 其他（请说明）：＿＿＿＿＿＿＿＿＿＿＿＿＿＿＿＿＿＿＿

续表

2. 代码修改（列出实验过程中关键修改部分）

3. 问题清单（列出实验过程中遇到的问题，已解决的写出解决办法）

4. 创新点（描述实验中尝试的创新做法或不同于常规的方法）

五、原理探究

1. 请比较里程计（Odometry）和基于地图的定位（如 AMCL）的不同之处，并讨论它们各自的优缺点。在实际应用中，如何选择合适的定位方法以提高机器人的定位精度？请描述一种情景，在这种情况下，你会优先选择哪种定位技术，并解释原因。

2. 在机器人遇到动态障碍物或环境发生变化时，如何实现动态决策？请描述一个动态决策的案例，并讨论在实际应用中，如何通过优化控制策略来提高机器人的应变能力和导航效率。

六、思考与讨论

SLAM 技术在实际应用中面临哪些挑战？你认为未来 SLAM 技术的发展方向是什么？请结合你的实验经验和相关知识，谈谈你的看法和建议。

移动机器人码垛应用

随着科技的飞速进步，机器人技术已逐渐广泛应用于我们生活的各个领域，其中，移动机器人更是以其高度的灵活性和自主性成为了支持现代工业自动化的重要力量。码垛作为物流仓储和生产流程中的关键环节，正迎来移动机器人的广泛应用。图 10-1 所示为移动机器人搬运货物码垛的场景，通过 ROS 的模块化设计，可快速构建和配置移动机器人系统，实现高效、准确的码垛作业。

图10-1　移动机器人码垛应用

本次实验便是针对移动机器人在物流码垛领域的应用展开的一次深入探索。实验中将利用 ROS 机器人与机械臂的协同工作，实现工件的自动夹取与码放。这一过程不仅涉及到了机器人导航、路径规划、机械臂控制等多个关键技术，更是对机器人系统整体协调性和稳定性的全面考验。实验能够深化学生对移动机器人技术及其应用的理解，提升机器人系统的设计和开发能力。同时，希望学生通过实践发现并解决在实际应用中可能遇到的问题，为移动机器人在码垛等领域的广泛应用提供有益的探索和参考。

一、实验目的

（1）素养提升

① 通过实验中的团队协作与问题解决，提升工程素养，增强面对复杂机器人系统问题的应变能力和创新思维。

② 通过实际操作机器人系统，提升实践能力，加深对理论知识的理解，培养规范性、精确性的实践操作能力。

（2）知识运用

① 能够巩固对 ROS 的理解，学会在实际中运用 ROS 进行移动机器人系统的码垛。

② 能够将机器人导航、路径规划、机械臂控制等关键技术应用于码垛任务，加深对这些知识的理解，并提升知识运用的能力。

③ 能够合理规划目标点，熟练实现码垛任务。

（3）能力训练

① 能够调用程序实现机器人的自动夹取、运送和码放功能。

② 能够在实验内容及步骤的指导下，独立完成操作，并能够进行实验调整与改进。

③ 能够进行规范的实验操作和准确的数据记录。

二、实验原理

本实验主要通过 ROS 机器人与机械臂的协同工作，实现工件的自动夹取与码放，以探究移动机器人在物流自动化领域的应用原理，核心在于 ROS 的集成应用。在实验中，ROS 机器人负责工件的运输，而机械臂则负责工件的夹取和放置。

如图 10-2 所示，在实验过程中，需要对 ROS 机器人进行导航和路径规划，这涉及对机器人进行定位、建图以及路径规划算法的设计实现。通过激光雷达等传感器，机器人能够感知周围环境，并构建出环境的地图。基于这张地图，我们可以使用路径规划算法为机器人规划出一条从起点到终点的最优路径。同时，机械臂需要准确地夹取工件，并将其放置在指定的位置。这需要对机械臂进行精确的运动学建模和控制算法设计。通过 ROS 提供的接口编写程序来控制机械臂的各个关节，实现工件的夹取和放置动作。此外，实验还需要考虑机器人与机械臂之间的协同工作。一旦机器人将工件运输到指定位置时，机械臂开始准确地夹取工件，并将其放置在码垛区域。这要求两者之间的通信和协同控制必须准确无误。

图10-2　实验原理框图

三、实验内容及流程

本实验主要探究 ROS 机器人与机械臂在码垛应用中的协同工作能力。实验内容涵盖机器人的导航、机械臂的工件夹取及码放等关键环节。实验流程如下：首先，启动 ROS 机器人并进行初始定位，确保机器人能够准确识别起点位置。随后，通过 ROS 编写控制程序，指导机器人按照预设路径从起点行驶至终点。在行驶过程中，机器人需利用搭载的传感器实时感知环境，确保行驶安全。

当机器人到达指定位置后，机械臂开始工作。通过精确控制机械臂的各个关节，实现工件的准确夹取。夹取完成后，机械臂再将工件运送至码垛区域，并按照 2×2 阵列的形式进行码放。整个过程重复 4 次，以检验机器人系统的稳定性和效率。实验结束后，对实验数据进行记录和分析，评估机器人系统在码垛应用中的性能表现。实验流程如图 10-3 所示。

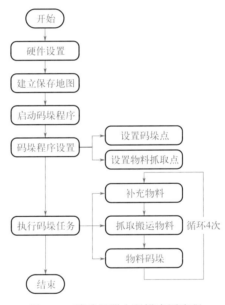

图10-3　移动机器人码垛应用流程

四、实验仪器及材料

根据上述实验内容，本实验所用的主要实验设备与物料清单见表 10-1。

表 10-1　实验仪器及材料

设备 / 物料	设备 / 物料示例	设备数量
ROS 运行平台	ROS 教育机器人 QC-8KTROS	1 台
输入设备	无线键鼠	1 套
待搬运对象	彩色物料	4 个

五、实验步骤

（1）硬件调整

将机器人后方安装的深度相机［安装步骤详见实验 6 实验步骤（1）］往下方扳动，调整相机视野，扳到极限位置停止，如图 10-4 所示。

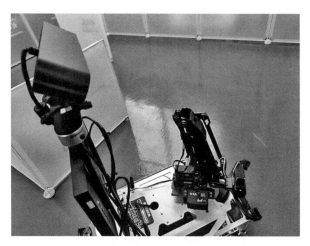

图10-4　深度相机视野调整

（2）建立地图并保存

参照实验 8 建立地图并保存至 xrobot_navigation 包的 maps 文件夹内。进入 xrobot_navigation/maps 位置查看，将地图命名为 nav1.yaml。

（3）启动码垛程序

参照实验 4 实验步骤（1）启动机器人。再次新建终端（本次记为终端 1 注意上个步骤中的终端不要关闭），输入以下命令启动码垛程序，界面如图 10-5 所示。然后将启动 RViz 界面。

```
roslaunch xrobot_arm color2.launch
```

（4）码垛程序设置

① 设置码垛点。点击图 10-6 的 ❶ "2D Nav Point"，用鼠标在地图上点击设置码垛点。

② 设置物料抓取点。点击图 10-7 的 ❷ "2D Pose Estimate" 处，用鼠标在地图上点击从而设置物料抓取点。此点应摆放物料，为机器人抓取物料的起点。

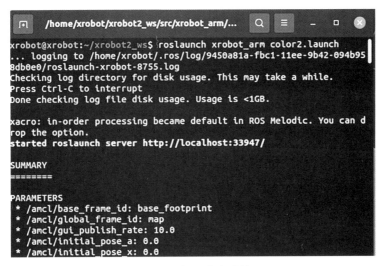

图10-5 码垛程序启动界面

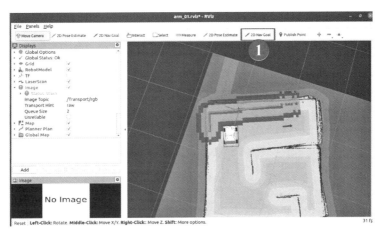

图10-6 设置码垛点界面

图10-7 设置物料抓取点界面

（5）执行码垛任务

① 补充物料。机器人到达物料抓取点后，在其车体前方放置一个物料。

② 抓取搬运物料。在终端 1 输入"aa"按下回车键，机械臂开始自动抓取物料，抓取物料成功后［图 10-8（a）］，机器人开始自动搬运至设置的码垛点，搬运过程如图 10-8（b）所示。

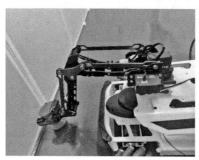
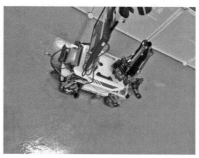

(a) 机器人抓取物料　　　　　　(b) 机器人搬运物料

图10-8　机器人抓取搬运物料示意图

③ 物料码垛。机器人将物料搬运至指定码垛点后，在终端 1 输入"11"按下回车键，机械臂将放置物料至码垛的第一个位置，第一次码垛如图 10-9 所示。物料码垛成功后机器人将自动返回抓取物料点。

图10-9　机器人第一次码垛

④ 循环搬运码垛。机器人返回抓取起点后，同样地，在车体前方补充物料，重复本任务，机器人开始第二次码垛，如图 10-10（a）所示。一共码垛 4 次，最终效果如图 10-10（b）所示。

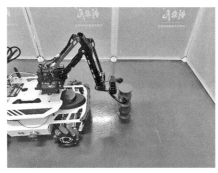 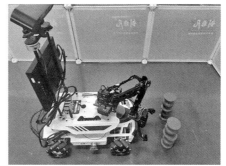

(a) 机器人第二次码垛　　　　　　　(b) 机器人码垛完成

图10-10　机器人码垛过程示意图

六、实验小结

　　本实验通过 ROS 平台展现了移动机器人与机械臂在物流自动化中的协同作业能力。引导学生亲手操控机器人完成从定位、导航至工件夹取码放的全过程，每环节都融入了传感器反馈与路径规划技术，最终实现了工件的 2×2 阵列码放。这一实践有助于加深学生对机器人系统集成与控制的理解，同时锻炼了解决实际问题的能力，为未来投身智能物流领域奠定了坚实基础。

实验报告十

院系：		课程名称：		日期：	
姓名		学号		班级	
实验名称			成绩		

一、实验概览

　　1. 实验目的（请用一句话概括）

　　2. 关键词（列出本实验的几个关键词）

二、实验设备与环境

　　硬件配置（计算机配置）：

　　软件环境（ROS 版本、操作系统及其他必要软件）：

　　环境设置（实验环境）：

三、实验步骤

　　（根据教材中的实验步骤，记录自己实际操作的过程）

四、实验现象与分析

　　1. 现象描述：

　　□ 深度相机位置已调整

　　□ 地图已建立保存

　　□ 码垛程序启动成功

　　□ 码垛程序已设置

　　□ 码垛任务执行成功

　　□ 其他（请说明）：＿＿＿＿＿＿＿＿＿＿＿＿＿＿＿

2. 代码修改（列出实验过程中关键修改部分）

3. 问题清单（列出实验过程中遇到的问题，已解决的写出解决办法）

4. 创新点（描述实验中尝试的创新做法或不同于常规的方法）

五、原理探究

1. 在实现机器人与机械臂的协同工作中，如何确保两者的无缝配合？请描述一种协同工作的机制，并讨论在实际操作中如何协调机器人与机械臂的动作顺序，确保作业的顺利进行。

2. 在本实验中，机械臂需要按照一定的布局（例如 2×2 阵列）进行码垛。请描述一种码垛策略，并讨论如何通过编程实现这一策略。此外，请讨论在码垛过程中可能遇到的挑战（如工件尺寸差异、码垛层数限制等），并提出相应的解决方案，以确保码垛的高效性和可靠性。

六、思考与讨论

在进行多点导航时，你是如何平衡机器人的路径规划效率和行驶速度的？你认为在实际应用中，这两个因素哪个更为重要？